U0303649

汉译世界学术名著丛书

科 学 与 假 设

〔法〕彭加勒 著

李醒民 译

商務印書館
The Commercial Press
创于1897

H. Poincaré

THE FOUNDATIONS OF SCIENCE

根据纽约科学出版社 1913 年英译本译出

汉译世界学术名著丛书
出 版 说 明

我馆历来重视移译世界各国学术名著。从五十年代起，更致力于翻译出版马克思主义诞生以前的古典学术著作，同时适当介绍当代具有定评的各派代表作品。幸赖著译界鼎力襄助，三十年来印行不下三百余种。我们确信只有用人类创造的全部知识财富来丰富自己的头脑，才能够建成现代化的社会主义社会。这些书籍所蕴藏的思想财富和学术价值，为学人所熟知，毋需赘述。这些译本过去以单行本印行，难见系统，汇编为丛书，才能相得益彰，蔚为大观，既便于研读查考，又利于文化积累。为此，我们从 1981 年至 1986 年先后分四辑印行了名著二百种。今后在积累单本著作的基础上将陆续以名著版印行。由于采用原纸型，译文未能重新校订，体例也不完全统一，凡是原来译本可用的序跋，都一仍其旧，个别序跋予以订正或删除。读书界完全懂得要用正确的分析态度去研读这些著作，汲取其对我有用的精华，剔除其不合时宜的糟粕，这一点也无需我们多说。希望海内外读书界、著译界给我们批评、建议，帮助我们把这套丛书出好。

商务印书馆编辑部

1987 年 2 月

中 译 者 序

李 醒 民

《科学与假设》(1902)是法国伟大的数学家、数学物理学家、理论天文学家、科学哲学家彭加勒的四部科学哲学经典名著之一。在该书中,作者广泛而深入地探讨了科学和哲学的理论前沿问题,提出了一系列精辟的、富有启发性的观点,其独创的约定论思想在书中得以集中体现。在介绍和评论这一著作的主要内容和基本思想之前,我们先认识一下彭加勒其人,了解一下他的卓著的科学发现和哲学创造。

彭加勒(Jules Henri Poincaré,1854~1912)于 1854 年 4 月 29 日生于法国南锡。他的父亲莱昂(Léon Poincaré)是一位第一流的生理学家兼医生、南锡医科大学教授,母亲是一位善良、聪明的女性。他的叔父安托万(Antoine Poincaré)曾任国家道路桥梁部的检察官。他的堂弟雷蒙(Raymond Poincaré)曾于 1911 年、1922 年、1928 年几度组阁,出任总理兼外交部长。1913 年 1 月至 1920 年初,担任法兰西第三共和国第九任总统。

彭加勒的童年是不幸的,也未表现出什么超人的天才。在幼儿时,他的运动神经共济官能就缺乏协调,写字画画都不好看。5 岁时,白喉病把他折磨了 9 个月,从此就留下了喉头麻痹症。疾病使他长时期身体虚弱,缺乏自信。他无法和小伙伴做剧烈的游戏,只好另找乐趣,这就是读书。在这个广阔的天地里,他的天资通过家庭教育和自我锻炼逐渐显露出来。读书增强了他的空间记忆(视觉记忆)和时间记忆能力。他视力不好,上课看不清老师在黑板上写的东西,只好全凭耳朵听,这反倒增强了他的听觉记忆能力。这种"内在的眼睛"大大有益于他后来的工作,他能够在头脑中完成复杂的数学运算,他能够迅速写出一篇论文而无须大改。

15岁前后,奇妙的数学紧紧地扣住了彭加勒的心弦,他曾在没有记一页课堂笔记的情况下赢得了一次数学大奖,1875年底,彭加勒进入综合工科学校深造。1876年,他到国立高等矿业学校学习,打算做一名工程师,但一有闲空就钻研数学,并在微分方程一般解的问题上初露锋芒。1878年,他向法国科学院提交了关于这个课题的"异乎寻常"的论文,并于翌年8月1日得到数学博士学位。由于工程师的职业与他的志趣不相投,他又想做一个职业数学家。在得到博士学位后不久(1879年12月1日),他应聘到卡昂大学任数学分析教师。两年后,他被提升为巴黎大学教授,讲授数学、力学和实验物理学等课程。除了在欧洲参加学术会议和1904年应邀到美国圣路易斯科学和技艺博览会讲演外,彭加勒一生的其余时间都是在巴黎度过的。

彭加勒的写作时期开始于1878年,直至他1912年逝世——这正是他创造力的极盛时期。在不长的34年科学生涯中,他发表了将近500篇科学论文和30本科学专著,这些论著囊括了数学、物理学、天文学的许多分支,这还没有把他的科学哲学经典名著和科普作品计算在内。由于他的杰出贡献,他赢得了法国政府所能给予的一切荣誉,也受到英国、俄国、瑞典、匈牙利等国政府的奖赏。早在 33 岁那年,他就被选为法国科学院院士,1906 年当选为院长;1908 年,他被选为法兰西学院院士。这是法国科学家所能得到的最高荣誉。

数　　学

　　彭加勒被认为是 19 世纪最后四分之一和 20 世纪初期的数学界的领袖人物,是对数学和它的应用具有全面了解、能够雄观全局的最后一位大师。他的研究和贡献涉及数学的各个分支,例如函数论、代数拓扑学、阿贝尔函数和代数几何学、数论、代数学、微分方程、数学基础、非欧几何、渐近级数、概率论等,当代数学不少研究课题都溯源于他的工作。

　　1. 函数论。 如果说 18 世纪是微分学的世纪,那么 19 世纪则是函数论的世纪。彭加勒是因为发明自守函数而使函数论的世纪大放异彩的,他本人也因此在数学界崭露头角。

　　所谓自守函数,就是在某些变换群的变换下保持不变的函数。自守函数是圆函数、双曲函数、椭圆函数以及初等分析中其他函数的推广,它不仅对其他各种应用是重要的,而且在微分方程理论中也扮演着主要的角色。

　　自守函数的名称今天已用于包括那些在变换群 $z' = (az+b)/(cz+d)$ 或这个群的某些子群作用下的不变函数,其中 a, b, c, d 可以是实数或复数,而且 $ad \cdot bc = 1$。此外,在复平面的任何有限部分上,这个群完全是不连续的。更一般的自守函数则是为研究二

阶线性微分方程 $d^2\eta/dz^2 + p_1 \cdot d\eta/dz + p_2\eta = 0$ 而引进的,其中 p_1 和 p_2 起初是 z 的有理函数。

1880 年以前,克莱因(F. Klein)在自守函数方面作了一些基本的工作,后来他在 1881 年至 1882 年与彭加勒合作。彭加勒在受到富克斯(L. L. Fuchs)有关工作的吸引而注意到这件事后,对这个课题已作了先行的工作。他以椭圆函数理论为指导,发明了一类新的自守函数,即他所谓的富克斯函数,这是比椭圆函数更为普遍的一类自守函数。后来,彭加勒把分式变换群扩充到复系数的情况,并考虑了这种群的几种类型,他把这种群叫克莱因群。对这些克莱因群,彭加勒得到了新的自守函数,即在克莱因群变换下不变的函数,彭加勒把它叫做克莱因函数。这些函数有类似于富克斯型函数的性质,但基本域比圆要复杂。此后,彭加勒指出如何借助于克莱因函数表示仅有正则奇点的代数系数的 n 阶线性方程的积分。这样,整个这类线性微分方程都可以用彭加勒的这些新的超越函数来解了。

自守函数理论只是彭加勒对于解析函数论的许多贡献之一,他的每项贡献都是拓广的理论的出发点。他在 1883 年的一篇短文中,首先研究整函数的格与其泰勒展开的系数或者函数的绝对值的增长率之间的关系,它与皮卡(E. Picard)定理结合在一起,通过阿达玛(J. Hadamard)和波莱尔(E. Borel)的结果,导致了整函数和亚纯函数的庞大理论,这个理论在 80 年之后仍然尚未研究完。

自守函数提供了具有某种奇点的解析函数的头一批例子,它们的奇点构成非稠密的完备集或奇点的曲线。彭加勒给出另外一个一般方法构成这种类似的函数,即通过有理函数的级数,这导致后来被波莱尔和当儒瓦(A. Denjoy)所提出的单演函数理论。代数曲线的参考化定理也是自守函数论的一个结果,它促使彭加勒在 1883 年导出一般的"单值化定理",这等价于存在由任意连通、非紧致黎曼面到复平面或开圆盘的共形映射。

尤其是,彭加勒是多复变解析函数的创始人,这个理论在他之前实际并不存在。他得到的第一个结果是这样的定理:两个复变量的亚纯函数 F 是两个整函数的商。在 1898 年,他针对"多重调和函数"对于任意多复变函数进行了深入的研究,并在阿贝尔函数论中加以应用。他还在 1907 年指出了全新的问题,导出两个复变函数的"共形映射"概念的推广,这就是现在众所周知的、给人以深刻印象的解析流形的萌芽。彭加勒也对多复变函数的重积分的"残数"概念给出满意的推广,这是在其他数学家早期对这个问题做了多次尝试而揭示出严重困难之后进行的。多年后,他的思想在勒雷(J. Leray)的工作中产生了完满的结果。

2. 代数拓扑学(组合拓扑学)。 彭加勒最先系统而普遍地探讨了几何学图形的组合理论,人们公认他是代数拓扑学的奠基人。可以毫不夸张地说,彭加勒在这个课题上的贡献比在其他任何数学分支上的贡献都更为使他永垂不朽。

彭加勒先在 1892 年和 1893 年的科学院《通报》(*Comptes Rendus*)中发表了一些短文,然后于 1895 年发表了一篇基本性的论文,接着是一直到 1904 年在几种期刊上发表的五篇长的补充,这都是论述近代代数拓扑学的方法的。彭加勒认为,他在代数拓扑学方面的工作与其说是拓扑不变性的一种研究,不如说是研究

n 维几何的一种系统方法。我们现在称之为单形的同调论的一整套方法完全是彭加勒的发明创造：其中有流形的三角剖分、单纯复合形、重心重分、对偶复合形、复合形的关联系数矩阵等概念以及从该矩阵计算贝蒂(E. Betti)数的方法。藉助这些方法，彭加勒发现欧拉多面体定理的推广（现在称之为欧拉-彭加勒公式）以及关于流形的同调的著名的对偶定理；稍后他引进了挠率的概念。在这些论文中，他还定义了基本群（第一个同伦群），并证明它与一维贝蒂数的关系，给出两个流形具有相同的同调但具有不同的基本群的例子，他还把贝蒂数和微分形式的积分联系在一起，叙述了德拉姆(G. de Rham)直到 1931 年才证明了的定理。有人这样正确地说过：直到 1933 年发现高阶同伦群之前，代数拓扑学的发展完全基于彭加勒的思想和方法。

此外，彭加勒还指出如何把这些新工具用于那些促使发现它们的问题。在两篇论文中，他给出了复代数曲面的贝蒂数，以及形如 $Z^2 = F(x, y)$（F 是多项式）的方程定义的曲面的基本群，从而为后来莱夫谢茨(S. Lefschetz)和霍奇(W. V. D. Hodvge)的推广铺平了道路。

3. 阿贝尔函数和代数几何学。当彭加勒一接触到黎曼(G. F. B. Riemann)和魏尔斯特拉斯(K. Weierstrass)关于阿贝尔函数和代数几何学的工作之后，他立即对这个领域发生了浓厚的兴趣。他在这个课题上论文的篇幅在他的全集里和自守函数的论文篇幅差不多，时间是从 1881 年到 1911 年，这些文章的主要思想之一是关于阿贝尔函数的"约化"。彭加勒把 J. 雅可比、魏尔斯特拉斯和皮卡研究过的特殊情形加以推广，证明了一般的"完全可约性定理"。并注意到对应于可约的簇的阿贝尔函数,这是推广某些已有结果和研究某些函数特殊性质的出发点。

彭加勒在代数几何学方面的最突出贡献是他在 1910 年至 1911 年间关于代数曲面 $F(x,y,z)=0$ 中所包含的代数曲线的几篇论文。他所运用的卓有成效的方法使他证明了皮卡和塞韦里(F. Severi)的深刻结果,并首次正确地证明了由卡斯特尔诺沃(G. Castelnuovo)、恩里格斯(F. Enriques)所陈述的著名定理。在其他问题上,他的方法也极有价值,看来它的有效性还远远没有穷尽。

4. 数论。在这个领域,彭加勒首次给出整系数型的亏格的一般定义。他的最后一篇数论论文(1901)最有影响,是我们现在所谓的"有理数域上的代数几何学"的头一篇论文。这篇论文的主题是丢番图(Diophantus)问题,即求一条曲线 $f(x,y)=0$ 上具有有理数坐标的点,其中 f 的系数是有理数。彭加勒定义了曲线的"秩数",并猜想秩数是有限的。这个基本事实由莫德尔(L. J. Mardell)在 1922 年予以证明,并由韦伊(A. Weil)推广到任意亏格的曲线(1929)。他们用的是"无限下降法",这基于椭圆(或阿贝尔)函数的半分性质;彭加勒在他的文章中发展了一种与椭圆函数的三分性质有关的类似的计算,这些思想似乎是莫德尔证明的出发点。莫德尔-韦伊定理在丢番图方程论中已成为基本的定理,但是与彭加勒引入"秩数"概念的许多问题仍然尚未得到解答,更深入地钻研他的论文也许会导出新的结果。

5. 代数学。彭加勒从未出于代数学本身的需要而去研究代数学,只是当在算术或分析问题中需要代数结果时才去研究它。例如,他关于型的算术理论的工作使他研究次数≥3 的型,其上作用着连续自同构群。与此有关,他注意到超复系和由超复系的可逆元素乘法定义的连续群之间的关系;他在 1884 年就这个问题所发表的短文后来引起施图迪(E. Study)和嘉当(E. Cartan)关于超复系的文章。彭加勒在 1903 年关于线性微分方程的代数积分的文章又回到交换代数的研究上来。他的方法使他引进一个方程的群代数,并把它分解为 C 上的单代数(即方阵代数)。他首次把左理想和右理想的概念引入代数,并证明方阵代数中的任何左理想是极小左理想的直和。

彭加勒是当时能够理解并欣赏李(S. Lie)及其后继者关于"连续群"工作的少数数学家之一,尤其是,他是早在 20 世纪初就能认识到嘉当论文的深度和广度的唯一数学家。1899 年,彭加勒对于用新方法证明李的第三基本定理以及现在所谓的坎贝尔(Campbeel)-豪斯多夫(Hausdorff)公式感兴趣;他实际上第一次定义了现在所说的(复数域上的)李代数的"包络代数",并由李代数已给的基对包络代数的"自然的"基加以描述,这个定理在近代李代数理论中成为基本的定理。

6. 微分方程。微分方程及其在动力学上的应用显然处于彭加勒数学思想的中心地位,他从各种可能的角度研究这个问题,他把分析中的全套工具应用到微分方程理论中。几乎每年都要就此发表论文。事实上,整个自守函数理论一开始就是由求积具有代数系数的线性微分方程的思想引起的。他同时研究了一个线性微分方程在一个"非正则"奇点的邻域中的局部问题,首次证明了怎样得到积分渐进展开。他还研究了如何决定(复数域中)所有一阶微分方程关于 y 和 y' 是代数的且有固点的奇点,这后来被皮卡推广到二阶方程,并在 20 世纪初期导致潘勒韦(P. Painlev)及其学派的成果。

彭加勒在这个领域中的最杰出贡献是微分方程定性理论,它是在其创造者手中立即臻于完善的。他发现在分析微分方程可能解的类型时,奇点起着关键性的作用。他把奇点分为四类——焦点、鞍点、结点和中心,并阐述了解在这些点附近的性态。在 1885 年后,他关于微分方程的论文大都涉及天体力学,特别是三体问题。

对于物理学问题的持久兴趣肯定把彭加勒引向数学物理学的偏微分方程所导出的数学问题,在这方面他从未忽略他所用的方法和他所得到的结果可能存在的物理意义。他在 1890 年的一篇文章中讨论了狄利克雷(Diichlet)问题,发明了"扫散方法",这种极其富于独创性的方法在 20 世纪 20 年代和 30 年代出现的位势理论上起着重要作用。

此外,彭加勒还在非欧几何、渐近级数、概率论(例如,他最先使用了"遍历性"的概念,这成为统计力学的基础)等数学分支中也有所建树。

物　理　学

彭加勒讲授物理学 20 年以上,发表文章和出版书籍 70 多种,涉及毛细管理论、弹性力学、流体力学、热的传播、势论、光学、电学、磁学、电子动力学等等。他能深刻地洞察每个课题,并揭示其本质。他特别偏好光理论和电磁理论,他的关于电磁理论的教科书成为麦克斯韦理论在欧洲大陆得以广泛传播的范本。

尤为引人注目的是,彭加勒对 19 世纪末 20 世纪初的物理学革命直接起到了推动作用。这主要表现在以下五个方面。

1. 对经典力学和经典物理学基础的批判以及对物理学危机的分析和论述

在世纪之交,彭加勒属于批判学派(与之对立的是机械学派,即力学学派)。在马赫(E. Mach)、卡利努(A. Calinon)、赫兹(H. R. Hertz)的影响下,他对经典力学的基本概念和基本原理(例如绝对时间和绝对空间、力、惯性定律、加速度定律等)进行了批判,也对当时占统治地位的力学自然观提出质疑。他指出,力学自然观实际上是想把自然界弯曲成某种形式,但是自然界并不是这么柔顺的。彭加勒在分析了力学解释的非普遍性和非唯一性后指出,我们追求的目标"不是机械论,真正的、唯一的目标是统一性"。与马赫不同的是,彭加勒还审查和批判了经典物理学的基础,并揭示出经典力学和经典物理学之间无法弥合的裂痕。

在实验事实和理论分析的冲击下,整个物理学的理论基础动摇了,导致了所谓的物理学危机。老一辈的物理学家囿于力学自然观,看不清物理学发展的形势,只是在旧理论的框架内进行修补,找不到摆脱危机的出路。在当时著名的科学家当中,对物理学发展形势看得比较清楚的是彭加勒,他在 20 世纪初第一个明确地指出物理学的危机,并对它进行了全面的分析和论述。他认为,物理学危机是好事而不是坏事,危机能加速物理学的变革,是物理学进入新阶段的前兆。他指出,要摆脱危机,就要在新实验事实的基础上重新改造物理学。同时,他一再肯定经典理论的固有价值,认为它们在有效适用范围内还是大有用处的,并且旗帜鲜明地批评了"科学破产"之类的错误观点。他还预见了新力学的大致图景，对物理学的前途表示乐观。这一切，对于澄清物理学家的糊涂认识，使他们看清物理学发展的形势，显然是大有裨益的，也有助于抵制当时流行的实用主义和非理性主义。

2. 在物质结构研究方面的贡献

1895 年 12 月 28 日，伦琴(W. K. Röntgen)发现了 X 射线。彭加勒对此感到十分振奋，他在 1896 年 1 月 20 日的周会上展示了伦琴寄给他的 X 射线照片。当贝可勒尔(A. H. Becquerel)问他射线从管子的哪一部分发出时，彭加勒回答说，射线似乎是从管子中与阴极相对的区域发出的，在这个区域内玻璃管变得发荧光了。彭加勒还在 1 月 30 日发表了一篇关于 X 射线的论文，他在论文中提出："是否所有荧光足够强的物体，不管它们的荧光的起因如何，都既发射可见光又发射 X 射线呢?"尽管彭加勒的预想并不完全正确，但是它毕竟是导致贝可勒尔发现放射性的直接动因。

对于世纪之交分子实在性的争论，彭加勒基本持中立态度，因为当时还没有确凿的实验事实证明分子是真实的。不过，他早就意识到用实验来验证分子运动论的可能性。他在 1900 年提醒大家注意古伊(L. G. Gouy)关于布朗运动的有独创性的观念。他指出："那些无规则运动的粒子比致密的网孔还要小;因此，它们可能适用于解开那团乱麻，从而使世界逆行。我们几乎能够看到麦克斯韦妖作怪呢。"1904 年，他在提到运动和热在布朗运动中相互转化而毫无损失时说："如果情况如此，为了观察世界逆行，我们不再需要麦克斯韦妖的无限敏锐的眼睛，我们的显微镜就足够了。"后来，爱因斯坦(A. Einstein)和斯莫卢霍夫斯基(M. von

Smoluehowski)分别于1905年和1906年给出了布朗运动的理论，导出了计算分子大小的公式。1908年，佩兰（J. B. Perrin）和他的合作者通过用显微镜观察藤黄树脂微粒的布朗运动，证实了分子的实在性。彭加勒面对这一事实，坦率地承认："长期存在的原子假设已具有充分的可靠性"，"化学家的原子现在已经是一种实在了"。

3. 相对论的先驱

早在1900年之前，彭加勒就掌握了建立狭义相对论的一切必要材料，并在1904～1905年间找到了它的数学表示。作为相对论的先驱，他比马赫和洛伦兹（H. A. Lorentz）更前进了一步。

在1895年，彭加勒就对当时以太漂移实验的解释表示不满，他批评洛伦兹过多地引入特设假设。他相信，用任何实验手段——力学的、光学的、电学的——都不可能检测到地球的绝对运动。他已经意识到，采取这种立场相当于在理论上提出一个普遍的物理定律："不可能测出有重物质的绝对运动，或者更明确地说，不可能测出有重物质相对于以太的运动。人们所能提供的一切就是有重物质相对于有重物质的运动。1900年，他把这个定律称为"相对运动原理"——"任何系统的运动必须服从同样的定律，不管它是相对于固定轴而言还是相对于做匀速直线运动的可动轴而言。"在1902年的《科学与假设》中，首次出现了"相对性原理"的提法。不过，相对性原理的正式提出和标准表述是彭加勒1904年9月在美国圣路易斯讲演中做出的。他把它作为物理学六大基本原理之一提了出来："相对性原理，根据这个原理，物理现象的定律应该是相同的，不管观察者处于静止还是处于匀速直线运动。于是，我们没有、也不可能有任何手段来辨别我们是否做这样一种运动。"也就是在这次讲演中,他惊人地预见了新力学的大致图景:惯性随速度而增加,光速会变为不可逾越的极限。原来的比较简单的力学依然保持为一级近似,因为它对不太大的速度还是正确的,以致在新力学中还能够发现旧力学。

在 1898 年的"时间的测量"(La mésure de temps)一文中,彭加勒不仅批判了绝对时间、绝对空间和绝对同时性的概念,而且还提出了建设性的建议:承认光速不变是一个公设,并用爱因斯坦后来使用的术语讨论了远距离的同时性的确定问题。他说:"(光具有变的速度,尤其是它的速度在一切方向上都是相同的,)这是一个公设,没有这个公设,就无法测量光速。"彭加勒利用两个观察者(爱因斯坦的讨论只用一个观察者)、光讯号和时钟,讨论了时钟同步和同时性的定义问题,得出了与爱因斯坦 1905 年的结论相同的结果。

1904 年后期到 1905 年中期,彭加勒给洛伦兹写了三封信,这三封信的基本思想在"论电子动力学"(Sur la dynamique deiélectron)一文中得到发展。这篇论文的缩写本于 1905 年 6 月 5 日发表,全文则发表于 1906 年。他在文中第一个提出了精确的洛伦兹变换,指出该变换的群的性质。"洛伦兹变换"、"洛伦兹群"、"洛伦兹不变量"等术语,都是他首先使用的。他还得到了正确的电荷和电流密度的变换(洛伦兹得出的变换式是错的),证明了速度变换,考虑了体积元的变换,得到了电荷密度和电流的变换。这样一来,麦克斯韦-洛伦兹方程首次在洛伦兹变换下严格地变成不变量。彭加勒还导出了电磁标量势和矢量势、单位体积的力、单位电荷的力的变换，这些公式甚至在 1960 年代前后的文献中也难以找到。尤其是，彭加勒为了利用在具有确定的正度规 $x^2+y^2+z^2+\tau^2$ 的四维空间中的不变量理论，还引入了四维矢量，使用了虚时间坐标($\tau=ict$)。他还揭示出洛伦兹变换恰恰是四维空间绕原点的转动。彭加勒的这一工作，对闵可夫斯基（H. Minkowski)后来的四维时空表示法有直接影响。彭加勒也是第一个在他的电子动力学中研究牛顿引力定律的人，他甚至使用了"引力波"这个词。

4. 量子论的积极倡导者和热心研究者

1911 年的索尔维物理学会议，使量子论越出了德语国家的国界。彭加勒应邀参加了这次最高级会议，首次了解到量子论。他在很短时间内就成为量子论的积极倡导者和热心研究者，他在逝世前的半年多时间内，完全沉浸在这个奇妙的量子世界里。

1911 年 12 月 4 日，即索尔维会议一个月之后，彭加勒向科学院提交了一篇论述量子论的长篇论文的缩写本，全文于翌年 1 月发表。他在论文中指出，量子论的出现"无疑是自牛顿（I. Newton)以来自然哲学所经历的最伟大、最深远的革命"。他坚持认为，旧理论不只是在能量能够连续变化的假定上是错误的，而且物理定律本性的概念也要经受根本的变革。他在论文的最后指出，人们必须寻求差分方程，对于不连续的几率函数的情况，它将起哈密顿微分方程的作用。后来，他还就量子论发表了几篇文章和讲演。他甚至猜想，任何孤立系统乃至宇宙也像粒子一样，"会突然地从一个状态跃迁到另一个状态；但是在间歇期间，它依然是不动的。宇宙保持同一状态的各个瞬时不再能够相互区分开来。

因此,这将导致时间的不连续变化,即时间原子。"彭加勒的工作大大推动了非德语国家的物理学家接受和研究量子论。

5. 混沌学的开创人

彭加勒在把他锻造的锐利数学武器用于进攻天体力学问题时,发现了混沌现象。在太阳系的稳定性即三体问题的研究中,他实际上已经意识到,在一向视为由决定论统治的牛顿力学中,随机性(偶然性)也比比皆是。随机性是牛顿方程的本质特性之一,因为运动对初始条件十分敏感,确定行为是极其稀少的。这与混沌就是决定论系统的内在随机性的现代认识何其相近!事实上,彭加勒开创和发明的种种新数学分支和方法,以及他的众多的天体力学著作,都成为现代混沌学的思想和方法的启迪源泉。彭加勒不愧是发现混沌现象并进行认真处理的第一人。

积极的哲学思维和敏锐的直觉能力,也使彭加勒从自然哲学的高度洞见混沌现象。彭加勒反对或不赞成机械决定论,而承认自然界的偶然性,认为偶然性这个词具有"精密的和客观的意义"。它在《科学与方法》中专用一章讨论偶然性问题,并把偶然性分为三类,其中之一超出了概率思想的水平,讲出了混沌的真谛。他说:"我们觉察不到的极其轻微的原因决定着我们不能不看到的显著的结果,可是我们却说这个结果是由于偶然性。……初始条件的微小差别在最后的现象中产生了极大的差别;前者的微小误差促成了后者的极大误差。预言变得不可能了,我们有的是偶然发生的现象。"彭加勒在这里对着类偶然性所做的描述,正是今天混沌研究者刻画混沌特征的典型用语。彭加勒的先知先觉和先见之明由此可见一斑。在当今的混沌学研究文献中,经常可以看到对彭加勒的引用,不时可以觉察到彭加勒科学思想的强大生命力的自然延伸。

天 文 学

在 19 世纪之前,天文学家在处理天体力学问题时还是沿用牛顿、欧拉(L. Euler)、拉格朗日(J. L. Lagrange)和拉普拉斯(P. S. M. Laplace)的方法。19 世纪,柯西(A. L. Cauchy)发展了复变函数论,数学家为天文学家提供了有利的工具。彭加勒首先运用分析学的方法来研究天文学,而直至 40 年后,还没有几个天文学家能够掌握这种数学工具。彭加勒的主要工作有三个方面:旋转流体的平衡形状(1885);太阳系的稳定性,即 n 体问题(1899);太阳系的起源(1911)。

彭加勒在 1885 年发表的长篇论文中讨论了由雅可比椭球体派生出来的、角动量渐增的新体系的平衡形状,这种形状后来称为梨形。他认为,这种体系演化的下一个阶段可能是一大一小相互围绕着旋转的两个天体的平衡状态,该假设肯定不能用于太阳系,但某些双星却会呈现出这样的过渡形式。后来有人证明梨形是不稳定的。

彭加勒在天体力学上的最大成功表现在对"n 体问题"的处理上,这是瑞典国王奥斯卡二世(Oscar Ⅱ)在 1887 年提出的悬赏问题。设 n 个质点以任意方式分布在空间中,所有质点的质量、初始运动和相互距离在给定的时刻都是已知的。如果它们之间按照牛顿万有引力定律相吸引,那么在任何时刻,它们的位置和运动怎样呢？

"二体问题"已被牛顿解决了。自欧拉以来，人们把"三体问题"视为整个数学领域最困难的问题之一。从数学上讲，该问题归结为解九个联立微分方程（每个都是二阶线性的）。拉格朗日成功地把这个问题加以简化，可是其解即使存在，也不能用有限项来表示，而是一个无穷级数。如果级数在形式上满足方程组，并且对于变数的某些值收敛，那么解将存在。彭加勒在他 1889 年的论文中提出了一种新的强有力的技巧，其中包括渐近展开和积分不变性，并且对微分方程在接近奇点附近的积分曲线性状获得重要的发现，尽管他没有解决 n 体问题，但对三体问题已有明显的突破，因此获得了奥斯卡奖。

彭加勒在天体力学方面的早期工作汇集在他的三卷专题巨著《天体力学的新方法》（ *Les méthodes nouvelles de la mécanique céleste* ，1892，1893，1899）中。1905～1910 年又出版了另外三卷著作《天体力学教程》（ *Leçons de mécanique céleste* ），它具有更为实用的性质。稍后又出版了讲演集《流体质量平衡的计算》（ *Sur les figures d'équilibre d'une masse fluide* ）和一本历史批判著作《论宇宙假设》（ *Sur les hypothèses cosmogoniques* ）。

彭加勒的传记作者、法国数学家达布（G. Darboux）断言：这些著作的头一部事实上开辟了天体力学的新纪元，它可与拉普拉斯的《天体力学》和达朗伯（J. I. R. d'Alembert）的关于二分点岁差的工作相媲美。英国天文学家达尔文（G. Darwin）爵士在评论《天体力学的新方法》时说："很可能，在即将来临的半个世纪之内，一般研究人员将会从这座矿山发掘他们的宝藏。"

　　彭加勒的《论宇宙假设》被这个领域的研究者视为经典，书中对建立在拉普拉斯星云说上的模型的性质作了全面的分析。这本书作为回顾了太阳系起源的各种理论，即使在今天也值得一读，但是它忽略了 20 世纪初其他天文学家提出的一些理论。彭加勒关于宇宙演化的观点在 19 世纪末是有代表性的：实在世界的进程是渐变的、不可逆的；不连续的变化也会明显地发生，但只是在确实需要时才发生，而且不是以大变动的形式。这种观点显然与今天流行的"大爆炸"宇宙学说格格不入。

科 学 哲 学

　　由于彭加勒长期在科学前沿从事创造性的探索和开拓性的奠基工作，因此他不得不经常对科学的哲学基础进行批判性的考察，对已取得的科学成果进行恰当的哲学解释。而且，他所研究的问题的深度和广度使得他的思考不可能限制在狭窄的专业领域，他必须去考察一个更加困难得多的问题，即分析思维的本性问题。彭加勒在谈到自然观、科学观、认识论和方法论等问题时，往往鞭辟入里、深中肯綮，爱因斯坦称这位具有广阔哲学视野的科学家是"敏锐的、深刻的思想家"。

　　彭加勒有四本科学哲学著作：《科学与假设》（*La science et l'Hypothese*，1902）、《科学的价值》（*La valuer de la science*，1905）、《科学与方法》（*Science et mothode*，1908）、《最后的沉思》（*Dernières penseés*，1913）。最后一本书是在彭加勒逝世后，由他人集其九篇遗著编辑而成的，反映了彭加勒后期的思想。

约定论(convetionalism)是彭加勒的哲学创造,也是他的主导哲学思想,这种思想发轫于 1887 年发表的论几何学基础的论文,但是更为系统、明确的表述,则见于《科学与假设》,这是根据他对数理科学基础进行的敏锐的、批判性的审查和分析而提出来的。

彭加勒指出,几何学公理既非先验综合判断,亦非经验事实,它们原来都是约定。物理学尽管比较直接地以实验为基础,但是它的一些基本概念和基本原理也具有几何学公理那样的约定特征。但是,他也抱怨有些哲学家推广得太过分,把原理视为全部科学,从而相信整个科学都是约定的。他反对把约定在科学中的作用恣意夸大,以致说定律、科学事实都是科学家创造的。

彭加勒认为,"约定是我们精神自由活动的产物",它贯穿在整个科学创造活动中。但是,这种自由"并非放荡不羁、完全任意","并非出自我们的胡思乱想",而是要"充分发挥我们的能动性"。他还指出,约定的选择要求方便,这是因为有些实验的确向我们表明一些约定是方便的,而且以简单性作为选择标准也是出于方便,经验向我们表明它往往不会使我们受骗。彭加勒还认为,提升为约定的公理或原理不再受实验检验,它们无所谓真假。因为实验证伪既可以通过把实验的否定结果归咎于一个辅助假设来避免,也可以通过改变语言来避免。彭加勒的这种观点后来被称之为彭加勒命题,即没有构成两个基本因素——语言的和实在的(经验的)假设——的实验体制,经验检验是不可能的。

在彭加勒的约定论中,经验(狭义地讲是实验)的意义是双重的:它是科学理论的源泉或基础;它对约定的形成起引导或提示作用。约定论认为约定不是经验唯一地给予的,又认为约定也不是我们思想的结构唯一地给予的,它汲取了经验论和理性论的合理因素(彭加勒既要人们注意约定的实验根源和实验的指导作用,又要人们大胆假设和自由创造),从而成为一种卓有成效的科学认识论和方法论。这种科学认识论和方法论预示了现代科学发展的理论化和持续进步的大趋势,并对现代科学和现代科学哲学的发展产生了较大的影响。

在彭加勒的科学哲学思想中,也掺杂着其他一些成分。就他有关算术的认识论地位而言,他是一个康德主义者,因为他宣称算术的一些公理,特别是数学归纳原理是先验综合真理。另一方面,他在空间哲学、几何学哲学和物理学哲学中却抛弃了康德主义,并且用发生经验论(几何学与物理学的概念及陈述起源于经验)和约定论的结合来代替它。在数学哲学方面,他是一位结构主义者和前直觉主义者。在物理学哲学中,他的约定论为经验要素留下了余地,以致处于经验论传统的范围内。他也带有许多康德主义和进化论思想的色彩(进化认识论),如他最富有哲学意义的时间学说。此外,就他视探索真理和追求科学美为人的活动的唯一价值,以及倡导"为科学而科学"而言,有人认为他是理性论者和理想主义者。就他把相对性原理仅仅看做是可被实验否证的暂时性假设而言,有人认为他是证伪主义者和归纳主义者。当然,人们也能从他的思想中发现毕达哥拉斯主义(对自然先定和谐的信念)、操作主义(要使定义有用,它必须能指示我们如何测量)、工具主义(科学是一种整理事业,两种对立的理论也都可以作为研究的有用工具)、马赫主义(他赞同马赫思维经济原则和操作定义的观点)的色彩。

彭加勒认为,要进行创造性的科学研究,首先需要创造方法,因为没有一个方法会自行产生。彭加勒不仅对前人提出的方法做了发展,而且他自己也有一些独创性的科学方法,从而形成了他的颇有特色的方法论体系。

作为一种方法的经验约定论,在事实的选择,以及在由未加工的事实过渡到科学事实和由科学事实过渡到定律的过程中,都具有方法论的意义,尤其在由定律提升为原理的过程中,约定的作用表现得尤为明显。彭加勒在谈到这一点时说:"当一个定律被认为由实验充分证实时,我们可以采取两种态度。我们可以把这个定律提交讨论;于是,它依然要受到持续不断的修正,……或者,我们可以通过选定这样一个约定,使命题肯定为真,从而把定律提升为原理。"彭加勒认为,用这种方法"常常能得到巨大的好处"。

谈到假设,彭加勒指出:"没有假设,科学家将寸步难行。"他还把假设按其特性和功用分为三类。第一类是极其自然的假设,人们几乎不能避免它。例如,假定十分遥远的物体的影响可以忽略不计,结果是原因的连续函数,小位移遵循线性定律。这类假设只是表面看来是假设,实质上可划归为伪装的定义或约定。第二类是中性假设,例如假定物质是连续的或是由原子构成的。只要中性假设的特性不被误解,它们便不会有什么危险。它们或者作为计算的技巧,或者有助于我们理解具体的图像,或者可以坚定我们的思想。第三类假设是真正的概括,它们是实验必须证实或否证的假设。这类假设总是应该尽可能经常地受到检验。当然,如果它们经不起这种检验,人们就应该毫无保留地抛弃它。此外,彭加勒要人们最好只引入少数基本假设,而不要不加限制地引入许多特设假设。

彭加勒也十分崇尚科学美或数学美。他认为,科学美根源于自然美。正因为如此,追求科学美才不是纯粹的浅薄涉猎,才不会使科学家偏离对真理的追求。但是,科学美并不等于自然美,科学美是"比较深奥的美",是"潜藏在感性美之后的理性美","这种美在于各部分的和谐秩序,并且纯粹的理智能够把握它"。在他看来,科学美包含这样一些内容:雅致、和谐、对称、平衡、秩序、统一、方法简单、思维经济等。但是,他最强调的还是和谐,并认为"普遍和谐是众美之源"。他还认为,科学美是激励科学家忘我工作的强大动力,是选择事实和评价理论的重要标准,是科学发明的神奇工具。

彭加勒十分注重直觉在科学中,尤其是在数学中的功用。他指出,直觉是发明的工具,逻辑是证明的工具。因为发明即是辨认、选择,逻辑只能提供所有组合或结构,要在其中做出明智的选择,则要靠直觉。不仅作为某些逻辑推理前提的公理渊源于直觉,而且直觉也渗透在推理的过程之中。因为数学证明不是演绎推理的简单并列,它是按某种次序安置演绎推理,只有具有这种次序的直觉,才能洞察到作为一个整体的推理。彭加勒还把直觉分为两种类型:一是所谓"纯粹直觉",即"纯粹数的直觉"、"纯粹逻辑形式的直觉"、"数学次序的直觉",这主要是解析家的直觉;二是"可觉察的直觉"即"想象",这主要是几何学家的直觉。这两种类型的直觉似乎发挥出我们心灵的两种不同的本能,它们像两盏探照灯,引导陌生人来往于数学世界和实在世界。彭加勒还通过自己发明富克斯函数的切身体验,探讨了数学发明的心理机制。

在这里，我想补充说明和强调两点。其一，随着近年混沌和复杂性学科的研究方兴未艾，人们逐渐认识到，彭加勒不仅是现代科学的先驱，也是"后"现代科学的滥觞。其二，随着后现代科学哲学的勃兴和流播，人们蓦然发觉，彭加勒不但是"前"现代科学哲学的创造者和集大成者，其思想也是"后"现代科学哲学的引线和酵素。可以说，彭加勒是本来就不多的哲人科学家的典型代表。

彭加勒说过，热爱真理是伟大的事情，追求真理应该是我们活动的唯一目标和唯一价值。他言行一致，为追求真理奋斗到生命的最后一息。他不关心荣誉，不喜欢用自己的名字命名他的任何发明。

到1911年，彭加勒觉得身体不适、精力减退，他预感到自己活在世上的日子不会很长了。可是，他不愿放下手头的工作去休息，他头脑孕育的新思想太多了，他不愿让它们和自己一起被埋葬。在索尔维会议之后，他投身于量子论的研究，并撰写论文，发表讲演。同时，他还在思考一个新的数学定理，即把狭义三体问题的周期解的存在问题，归结为平面的连续变换在某些条件下不动点的存在问题。

临终前三周，彭加勒抱病在法国道德教育联盟成立大会上发表了最后一次公开讲演。他说："人生就是持续的斗争，如果我们偶尔享受到相对的宁静，那正是因为我们先辈顽强斗争的结果。假设我们的精力、我们的警惕松懈片刻，我们就会失去先辈们为我们赢得的斗争成果。"彭加勒本人的一生就是持续斗争、永远进击的一生。

1912年7月17日，彭加勒因血管栓塞突然去世。当时他正处在科学创造的高峰时期。沃尔泰拉（V. Volterra）中肯地评论道："我们确信，彭加勒一生中没有片刻的休息。他永远是一位朝气蓬勃的、健全的战士，直至他逝世。"

关 于 本 书

《科学与假设》像彭加勒的其他三本科学哲学著作一样，也是多由已发表的短论、讲演、书评、科学著作的序言或绪论串接而成。例如，第一章是 1894 年发表在《数学评论》上的文章，第二章最初发表在 1891 年的《纯粹科学和应用科学总评论》上，第三章是对罗素的《论几何学基础》一书的评论（发表在 1899 年的《教学评论》上），第九章根据作者 1900 年在巴黎国际物理学会议上的报告写成（原题为"实验物理学和数学物理学的关系"），第十二章由两部著作（《光的教学理论》，1889 年；《电学与光学》，1901 年）的序言合成。《科学与假设》虽不是一部十分严整、十分系统的著作，但却贯穿着一条明晰的、深邃的思想主线。与那些故意生造晦涩术语，恣意编织范畴之网，刻意构造空洞体系的所谓哲学家的大部头著作相比，彭加勒的小书则显得富有创见和智慧，不愧为科学哲学的典范之作。加之彭加勒又是一位名副其实的散文大师，他执掌凌云健笔，炼句如掷杖化龙，炼字如壁龙点睛；全篇则一气奔放，井井有序，首尾蟠结，浑然天成；从而达到了神聚而色泽生，韵至而余意涌的境界——一种出神入化、雅俗共赏的绝妙境界。难怪当年在法国的公园和咖啡馆，经常可以看到普通工人和店员手捧彭加勒的小册子，聚精会神地阅读呢。

　　为了方便读者浏览或研读,我这里只想对《科学与假设》中的思想要点稍作提示。

　　1. 经验约定论。 彭加勒认为,几何学公理既非综合判断,亦非实验事实,它们是约定。力学原理是建立在实验基础上的真理,也是适合于整个宇宙的公设或约定。这些理论体系之所以具有普遍性、确定性和严格性,正因为它们的前提是约定的,是以损失客观性为代价的。约定是我们心智活动的产物,自由心智在这里能够颁布强加于科学、而非强加于自然界法令。但是,约定不是完全任意的,并不是出自我们的胡思乱想。自由亦非放荡不羁。尤其是,彭加勒强调,约定的选择要受实验事实的指导(但实验并未把约定强加于我们),约定的和普遍的原理是实验的和特殊的原理的自然而直接的概括,因此,我们最好时时留心回想约定的实验根源。

　　2. 关系实在论。 数学家研究的不是客体,而是客体之间的关系。也许是出于作为一个数学家的职业习惯和偏好,彭加勒的实在论也凸显出关系实在论的特色。在他看来,实在的客体之间的真关系是我们能够得到的唯一实在。科学能够达到的并不是像朴素的教条主义者所设想的事物本身,而只是事物之间的关系,在这些关系之外,不存在可知的实在。支撑关系实在论的基石是"真关系"概念。真关系是我们能够确认的东西,是在一切装束下将总是依然如故的真理,是对所有作者来说共同的东西,至于事物的名称,则随作者不同而异。在新旧理论的更迭中,旧理论蕴涵的真关系融入更广阔的整体和更高级的和谐中。原有的真关系本身未变,只是描述它的语言变化了。某些应该抛弃的、最终被实验宣告不适用的理论,之所以突然死灰复燃并重获新生,也恰恰因为它们表达了真关系,从而保持了一种潜在的生命。正是这种真关系,构成了理论更替中的"不变性",从而构成相继理论之间的可翻译性的基础。

3. 科学理性论。彭加勒的科学理性论充分体现在他关于实验与理论、实验物理学与数学物理学的关系之论述中。他承认实验是真理的唯一源泉,但同时又指明数学物理学的重要地位和无可怀疑的贡献。他强调,只有观察还是不够的,我们必须利用观察资料,去做我们必需的概括工作。我们不能满足于赤裸裸的实验,除概括之外,还要矫正它们。科学是用事实建立起来的,但收集一堆事实并不是科学。尤其是,彭加勒已经透露出后现代科学哲学的先声:不可能毫无先入之见地做实验,有时思想要超过实验。

4. 假设。彭加勒把本书命名为《科学与假设》,足见他对假设的重视达到何种程度。他说,数学家没有假设便不能工作,就更不用说实验家了。假设不仅是必要的,而且通常也是合理的。即使是被抛弃的假设,也不是毫无成效的,可以说它比真实的假设贡献更大:它是决定性实验和提醒人们从中推出新东西的诱因。彭加勒创造性地把假设分为三类。第一类是极其自然的假设,它们只是外观看来是假设,它们能还原为隐蔽的定义或约定。第二类是中性假设,它们无能力把我们导入歧途,它们或者作为计算的技巧,或者有助于我们理解具体的图像,或者坚定我们的观念。第三类假设是真正的概括,它们是实验必须确认或否证的假设,总是富有成效的。他还强调,重要的是不要过分地增加假设,只能一个接一个地做假设。如果我们在若干假设的基础上构造理论,如果实验否证它,我们前提中的哪一个必须改变呢?这将是不可能知道的。在这里,彭加勒已经提出了整体论的思想。

5.统一性和简单性。每一种概括都隐含着对自然界的统一性和简单性的信念。至于统一性,不会有什么困难。如果宇宙的各部分不像一物体的各部件,它们就不会相互作用、彼此了解,尤其是我们只能知其一部分。因此,我们不去问自然是否是一体的,而要问它们如何是一体的。至于简单性,就不是那么容易的事了。不能确定自然是简单的,但是人们不得不像相信自然规律是简单的那样去行动。人们无法摆脱这种需要和必要性,否则一切概括、从而整个科学都变得不可能了。因为很清楚,任何事实都能够以无限的方式概括,它是一个选择问题(个人鉴赏的成分是很大的),而选择只能受简单性考虑的引导。因此,当我们找到简单性时,我们就必须停下来,在这唯一的基础建设我们的概括的大厦。不管简单性是真实的还是表观的(它掩盖着复杂的实在),总是有原因的,而绝不是出于机遇。

6.数学归纳法。彭加勒又称其为递归推理、递归证明、全归纳原理。它的主要特征是,它包括无穷个三段论,像"多级瀑布"一样直泻而下。递归推理能够跨越只局限于形式逻辑方法的分析家的忍耐力永远也无法填满的深渊,它是能够使我们从有限通向无限的工具。它之所以以不可遏止之势迫使我们服从,那只是因为它证实了精神的威力,它只不过是心智本身的特性的确认。我们只有借助它才能攀登,唯有它能够告诉我们某种新东西。没有在某些方面与物理学归纳法(总是不确定的)不同的、但却同样有效的数学归纳法的帮助,则构造便无力去创造科学。

7. 相对论的先驱。彭加勒是相对论的先驱,他在 1898 年就具备了建造相对论的基本材料。他用几种不同的形式表述了相对性定律或相对运动原理。尤其是,"彭加勒球"意蕴的相对性富有深刻意义。他批评了牛顿力学中的绝对空间、绝对时间、绝对同时性的观点,揭示了力学基本原理中隐含的矛盾和质量、力等概念的缺陷。他还明确地指出,刚性图形运动的可能性并不是自明的真。

8. 进化认识论。彭加勒不满意康德的几何学先验论观点,又对几何学经验论颇多微词。他用进化认识论的观点即"祖传的经验"解释几何学的起源:通过自然选择,我们的心智本身适应了外部世界的条件,它采用了对人种来说最有利的几何学,或最方便的几何学。

9. 操作论。不知道彭加勒对布里奇曼在 1920 年代系统提出的操作论是否有直接影响,但彭加勒早就具有这一思想,则是不争的事实。他说,对力学家来说,凡是不能告诉我们测量力的都是无用的。当我们说力是运动的原因时,我们是在谈论形而上学,人们若满足这个定义,肯定毫无成果。要使一个定义有任何用处,它必须告诉我们如何测量力。彭加勒的这些思想以及关于同时性的操作定义直接影响了爱因斯坦,而爱因斯坦又直接影响了布里奇曼,因此彭加勒对布里奇曼的间接影响则是确定无疑的。

10. 科学中的语言翻译。彭加勒特别重视语言和意义问题,并对它们进行了富有启发性的讨论。尤其是,他明确地阐述了科学中的语言翻译。在他看来,不同的几何学体系是不同的语言或符号系统,它们可借助与不同语言的意义相对应的词典方便地翻译,从而可从一种几何学交换为另一种几何学;而且,这种翻译或诠释并不是唯一的,人们还可以编制一些类似的词典,同样地进行翻译。

11. 空间问题。彭加勒始终关注空间问题,他在该书中关于空间的分类——几何学空间和知觉空间(视觉空间、触觉空间、动觉空间)——的起源以及基本特征的讨论颇有启发意义,值得人们进一步考虑和思索。

本书及《科学的价值》、《科学与方法》是我在 1985 年翻译的,出版后赢得了读者的好评——无论是译文的准确性还是行文的优雅性。但是,这并未使我满足,精益求精一直是我秉持的治学态度。1988 年,我又借再版之机重新将其校译了一遍,订正了少许错误和疏漏,主要精力花在名词的斟酌和语句的润色上。多年的翻译实践(迄今已出版英、日、俄译著 15 本,另有 1980 年代翻译的数部书稿因客观原因一直搁置至今),使我深深体会到,娴熟的外文、运用自如的中文和广泛而扎实的知识背景是搞好翻译工作的三个必要条件。但是,仅此还是不够的,尤其是翻译经典名著或大家巨制时,往往显得力不从心。还有一个前提是不可或缺的,那就是对译著的作者或涉及的论题要有较为深入的研究。否则,就很难传达出作者的准确思想,就更不必说揭示作者的思想底蕴和精神气质了。至于有人以为只要懂外文就能顺理成章地从事翻译工作,这未免把问题看得太简单了。君不见,那些洋不洋、中不中的译文,那些使人如坠五里云雾中的译文,那些在学术上制造混乱的译文,不正是出自这些人的"大手笔"么? 更不必说把孟子(Mencius)译成"门修斯",把李约瑟(Joseph Needham)译成"约瑟夫·尼达姆"的笑话了。

为方便有关读者进一步深究,我顺便列举一些原始文献和研究文献以供参考。就此打住,是为中译者序。

原始文献

[1]　Oeuvres de Henri Poincaré. 11 vols,Paris,1916～1954. 这部 11 卷的《昂利·彭加勒全集》包括彭加勒的重要科学论文、他对自己工作的部分叙述、达布写的传记(第 2 卷)以及在他诞辰 100 周年纪念会上人们就他的生平和工作所作的讲演(第 11 卷)。

[2]　Henri Poincaré, *La science et I'Hypothese*, Paris：Ernest Flammarion Éditeur,1902.

[3]　Henri Poincaré, *La valuer de la scienc*, Paris：Ernest Flammarion Éditeur,1905.

[4]　Henri Poincaré, *Science et mothode*, Paris：Ernest Flammarion Éditeur,1908.

[5]　Henri Poincaré, *Derniéres peneés*, Paris：Ernest Flammarion Éditeur,1913.

研究文献

[1]　G. Darboux, Éloge historique d'Henri Poincaré, *Mémoires de I'Académie des science*,52(1914).

[2]　E. T. Bell, *Men of Mathematics*, Dover Publications Press, New York,1937.

[3]　J. Giedymin, *Science and Convention*, Pergamon Press, Oxford ed. ,1982.

[4]　A. I. Miller, *Imagery in scientific thought*, Birkhäuser Boston Inc. ,1984.

[5]　J. 丢东涅:"彭加勒",胡作玄译,北京:《科学与哲学(研究资料)》,1981 年第 1、2 辑,第 52～74 页。

[6]　李醒民:《理性的沉思——论彭加勒的科学思想与哲学思想》,沈阳:辽宁教育出版社,1992 年第 1 版。

[7]　李醒民:《彭加勒》,台北:三民书局东大图书公司,1994 年第 1 版。

目　　录

引　言

对于一个浅薄的观察者来说,科学的真理是无可怀疑的;科学的逻辑是确实可靠的,如果科学家有时犯错误,那只是由于他们弄错了科学规则。

"数学的真理是用一连串无懈可击的推理从少数自明的命题推演出来的;这些真理不仅把它们自己强加于我们,而且强加于自然本身。可以说,它们束缚着造物主,只容许他在比较少的几个答案中选择。因此,为数不多的实验将足以使我们知道他做出什么选择。从每一个实验,通过一系列的数学演绎,便可得出许多推论,于是每一个实验将使我们了解宇宙之一隅。"

看啊,对于世界上的许多人来说,对于获得第一批物理学概念的学生来说,科学确实性的来源是什么。这就是他们所猜想的实验和数学的作用。100年前,许多学者就持有同样的想法,他们梦想尽可能减少实验来构造世界。

人们略加思索,便可以察觉假设占据着多重大的地位;数学家没有它便不能工作,更不必说实验家了。于是人们怀疑所有这些建筑物是否真正牢固,并认为吹一口气会使之倾倒。以这样的方式怀疑还是浅薄的。怀疑一切和相信一切二者同样是方便的解决办法;每一个都使我们不用思考。

　　因此不要对假设简单地加以责难,我们应当仔细地审查假设的作用;于是,我们将认识到,不仅假设是必要的,而且它通常也是合理的。我们也将看到,存在几类假设;一些是可证实的,它们一旦被实验确认就变成富有成效的真理;另一些无能力把我们导入歧途,它们对于坚定我们的观念可能是有用的;最后,其余的只是外观看来是假设,它们能还原为隐蔽的定义或约定。

　　最后这些假设尤其在数学和相关的科学中遇到。这些科学正是由此获得了它们的严格性;这些约定是我们心智自由活动的产物,我们的心智在这个领域内自认是无障碍的。在这里,我们的心智能够确认,因为它能颁布法令;然而,我们要理解,尽管把这些法令强加于我们的科学——没有它们便不可能有科学,但并没有把它们强加于自然界。可是,它们是任意的吗?不,否则它们将毫无结果了。实验虽然把选择的自由遗赠给我们,但又通过帮助我们辨明最方便的路径而指导我们。因此,我们的法令如同一位专制而聪明的君主的法令,他要咨询国家的顾问委员会才颁布法令。

　　一些人受到某些科学基本原理中可辨认的自由约定的特点的冲击。他们想过度地加以概括,同时,他们忘掉了自由并非放荡不羁。他们由此走到了所谓的**唯名论**,他们自问道:学者是否为他本人的定义所愚弄,他所思考、他所发现的世界是否只是他本人的任性所创造。① 在这些条件下,科学也许是确定的,但却丧失了意义。

　　假若如此,科学便无能为力了。现在,我们每天看到它正是在

----

　　① 参见勒卢阿:"科学和哲学",《形而上学和道德评论》,1901 年。(Le Roy, "Science et Philosophie",*Revue de Métaphysique et de Morale*,1901.)

我们的眼皮底下起作用。如果它不能告诉我们实在的东西，情况就不会这样。可是，它能够达到的并不是像朴素的教条主义者所设想的事物本身，而只是事物之间的关系。在这些关系之外，不存在可知的实在。

这就是我们将要得出的结论，为此我们必须考察一系列学科——从算术和几何学到力学和实验物理学。

数学推理的本性是什么？它像通常想象的那样果真是演绎的吗？更进一步的分析向我们表明，情况并非如此，它在某种程度上带有归纳推理的性质，正因为这样它才如此富有成效。它还是保持它的绝对严格的特征；这是首先必须指明的。

由于更充分了解数学交给研究者手中的一种工具，我们再来分析另一个基本概念，即数学量概念。我们是在自然界中发现它的呢，还是我们自己把它引入自然界的呢？而且，在后一种情况下，我们不会冒把每一事物密切结合起来的风险吗？把我们感觉到的未加工的材料和数学家称之为数学量的极其复杂、极其微妙概念比较一下，我们便不得不承认一种差别；我们希望把每一事物强行纳入的框架原来是我们自己构造的；但是我们并不是随意制作它的。可以说，我们是按尺寸制造的，因此我们能够使事实适应它，而不改变事实中的本质性的东西。

我们强加给世界的另一个框架是空间。几何学的头一批原理从何而来？它们是通过逻辑强加给我们的吗？罗巴契夫斯基（Lobachevski）通过创立非欧几何学证明不是这样。空间是由我们的感官揭示给我们的吗？也不是，因为我们的感官能够向我表明的空间绝对不同于几何学家的空间。几何学来源于经验吗？进一步的讨论将向我们表明情况并非如此。因此，我们得出结论说，几何学的头一批原理只不过是约定而已；但是，这些约定不是任意的，如果迁移到另一个世界（我称其为非欧世界，而且我试图想象它），那我们就会被导致采用其他约定了。

在力学中，会导致我们得出类似的结论，我们能够看到，这门科学的原理尽管比较直接地以实验为基础，可是依然带有几何学公设的约定特征。迄今还是唯名论获胜；但现在我们看看严格称谓的物理科学。在这里，舞台发生了变化；我们遇到了另一类假设，我们看到它们是富有成效的。毫无疑问，乍看起来，理论对我们来说似乎是脆弱的，而且科学史向我们证明，它们是多么短命；可是它们也不会完全消灭，它们每一个总要留下某种东西。正是这种东西，我们必须设法加以清理，因为在那里，而且唯有在那里，才存在着真正的实在。

物理科学的方法建立在归纳的基础上，当一种现象初次发生的境况复现时，归纳法使我们预期这种现象会重复。一旦**所有**这些境况能够同时复现，那就可以毫无顾忌地应用这个原理；但是，这是从来没有发生过的；其中有些境况总是缺少的。我们可以绝对确信它们不重要吗？显然不能。那也许是概然的，但不会是严格确定的。由此可见概率概念在物理科学中起着多么重要的作用。因而，概率计算不仅仅是玩纸牌人的娱乐或向导，我们必须深究其基本原理。在这方面，我只能给出很不完善的结果，因为这种使我们辨别概率的模糊的本能太难加以分析了。

　　在研究了物理学家工作的条件之后,我想向他有效地展示一下是适当的。为此,我举出了光学史和电学史中的例子。我们将看到,菲涅耳(Fresnel)的观念、麦克斯韦(Maxwell)的观念从何而来,安培(Ampère)和电动力学的其他奠基者都作了哪些无意识的假设。

第 一 编

数 与 量

第一章　数学推理的本性

I

数学科学的可能性本身似乎是一个不可解决的矛盾。如果这门科学只是在外观上看来是演绎的，那么没有人想去怀疑的、完美的严格性从何而来呢？相反地，如果数学所阐明的一切命题能够依据形式逻辑的规则相互演绎，那么它为什么没有变成庞大的同义反复呢？三段论法不能告诉我们本质上新颖的东西，假使每一事物都来自同一律，那么每一事物都必定能归入其中。这样一来，我们难道将要承认，所有那些充斥许多书中的定理的阐明无非是 A 即 A 的转弯抹角的说法？

毋庸置疑，我们能够返回到公理，它们处在所有这些推理的源头。如果我们断定这些推理不能划归为矛盾律，如果我们在其中甚至看到了不具有数学必然性的经验事实，那么我们还有把它们列入先验综合判断的对策。这不是解决困难，而只不过是使之洗练而已；即使综合判断的本性在我们看来并不神秘，然而矛盾还不会消失，它只是后退了；三段论推理依然不能为给予它的材料添加任何东西；这些材料本身划归为几个公理，我们在结论中不会发现其他东西。

无论什么定理,如果没有新公理参与它的证明,它就不会是新的;推理只能借用直接的直觉给我们以即时自明的真理;它恐怕只是中间的寄生物,因此我们难道没有充分的理由去询问,整个三段论工具是否只是有助于掩饰我们的借用?

翻开任何一本数学书,这种矛盾将会给我们以更大的冲击;在每一页上,作者都要阐述他概括一些已知的命题的意图。数学方法是从特殊行进到一般吗?假若如此,为何又能把它称为演绎的呢?

最后,如果数学是纯粹分析的,或者它能够从少数综合判断通过分析导出,那么博大精深的心智似乎一眼就能察觉它的所有真理;不仅如此,我们甚至可以希望,人们总有一天会发明一种足够简单的语言表达它们,使它们在通常的理智看来也是自明的。

如果我们不赞同这些结果,那就必须承认,数学推理本来就有一种创造能力,从而不同于三段论。

该差别甚至必须是深刻的。例如,按照某一法则,用于两个相等的数的同一个一致运算将给出恒等的结果,我们在频繁使用这一法则时找不出其中的奥秘。

所有这些推理方式,不管它们是否可划归为名副其实的三段论,它们依然保持着分析的特征,正因为如此,它们才是软弱无力的。

II

这里要讨论的是老问题;莱布尼茨(Leibnitz)企图证明 2 加 2

得 4;让我们看一下他的证明吧。

我将假定数 1 已被定义,又假定运算 $x+1$ 意谓把单位 1 加在已知数 x 上。

这些定义不管是什么,它们都没有进入推理过程。

然后我通过等式

(1)$1+1=2$; (2)$2+1=3$; (3)$3+1=4$

定义数 2,3 和 4。

用同样的方式,我通过下述关系定义运算 $x+2$:

$$(4)x+2=(x+1)+1。$$

由于预先假定了这一切,于是我们有

$$2+1+1=3+1 \qquad （定义 2），$$
$$3+1=4 \qquad （定义 3），$$
$$2+2=(2+1)+1 \qquad （定义 4），$$

由此可得

$$2+2=4 \qquad 证毕。$$

不能否认,这个推理是纯粹分析的。可是若问任何一个数学家:"这不是真正的证明(demonstration)",他将会对你说:"这是核验(verification)。"我们仅限于比较两个纯粹约定的定义,并查明它们是恒等的;我们没有学到什么新东西。**核验**不同于真的证明,正因为它是纯粹分析的,正因为它是毫无结果的。其所以毫无结果,是因为结论不过是翻译成另一种语言的前提。相反地,真的证明是富有成效的,因为这里的结论在某种意义上比前提普遍。

等式 $2+2=4$ 是如此易受核验,只因为它是特定的。数学中的每一个特定的阐述总是能够以这种相同的方式核验。但是,如果数学能够划归为一系列这样的核验,它就不会是科学了。例如,棋手并没有在赢棋中创立科学。离开普遍性便没有科学。

人们甚至可以说,精密科学的真正目的就在于使我们省却这些直接的核验。

III

因此,让我们看看几何学家是如何工作的,并且力图把握他的工作过程。

这项任务并非没有困难;随便翻开一本书,并分析其中的任何证明,这是不够的。

我们首先必须撇开几何学,由于与公设的作用、空间概念的本性和起源有关的问题相当困难,因而几何学中的疑问是错综复杂的。出于类似的理由,我们也不能转向微积分。我们必须寻找其中依然是纯粹的数学思想,也就是说,必须在算术中去寻找。

选择还是必要的;在数论的比较高深的部分,原始数学概念已经经受了如此深刻的提炼,以至于变得难以分析它们。

因此,正是在算术的开头,我们必须期待找到我们寻求的说明,但是恰恰是在最基本的定理的证明中,发生了这样的情况:经典论文的作者表现得最少精确、最少严格。我们不必把这作为一种罪过归咎于他们;他们服从了必要性;初学者没有受到真正的数学严格性的训练;他们在其中只能看到无用的、使人厌烦的微妙;企图使他们过早地变得更为精密,那不过是白费时间;他们必定会迅速地、但却是按部就班地通过的,而科学奠基人却是缓慢地越过这条道路的。

为了逐渐地习惯于这种完全的严格性——它似乎应该自然而然地施加在一切健全的心智之上，为什么要有如此长的必要的准备呢？这是一个逻辑的和心理的问题，完全值得加以研究。

但是，我们不去处理它；它不是我们的目的；我们必须重新证明最基本的定理，为了不使初学者烦恼，我们不是把这些定理留下的粗糙的形式给予他们，而是把训练有素的几何学家满意的形式给予他们。

加法的定义。我假定已经定义了运算 $x+1$，即把数 1 加到已知数 x 上。

这个定义不管是什么，都没有进入我们的后继的推理之中。

我们现在要定义运算 $x+a$，就是把数 a 加到已知数 x 上。

假定我们定义了运算

$$x+(a-1),$$

则运算 $x+a$ 将用等式

$$x+a=[x+(a-1)]+1 \qquad (1)$$

来定义。

只有我们知道 $x+(a-1)$ 是什么，然后我们才能知道 $x+a$ 是什么，正如我假定过的，从我们知道 $x+1$ 是什么开始，我们就能相继地"借助递归"定义运算 $x+2,x+3$ 等等。

这个定义值得注意一下；它具有一种特殊的性质，这种性质已经把它与纯粹逻辑的定义区别开来；等式(1)包含着无穷个不同的定义，只要人们知道前者，每一个定义都有意义。

加法的特性——**结合性**。我说

$$a + (b + c) = (a + b) + c.$$

事实上,该定理对 $c = 1$ 而言为真;于是可写出

$$a + (b + 1) = (a + b) + 1,$$

该式除符号有差别外,无非是我刚才定义加法的(1)式。

假定该定理对 $c = \gamma$ 而言为真,我说它对 $c = \gamma + 1$ 亦为真。

事实上,设

$$(a + b) + \gamma = a + (b + \gamma),$$

由此可得

$$[(a + b) + \gamma] + 1 = [a + (b + \gamma)] + 1.$$

或者根据定义(1)

$$(a + b) + (\gamma + 1) = a + (b + \gamma + 1) = a + [b + (\gamma + 1)],$$

这表明,通过一连串的纯粹分析的演绎,该定理对 $\gamma + 1$ 为真。

由于对 $c = 1$ 为真,从而我们相继看到,它对 $c = 2, c = 3$ 等也是如此。

交换性。1°我说

$$a + 1 = 1 + a.$$

该定理显然对 $a = 1$ 来说为真;我们能够用纯粹分析的推理来核验,若它对 $a = \gamma$ 为真,则它对 $a = \gamma + 1$ 也为真;于是,

$$(\gamma + 1) + 1 = (1 + \gamma) + 1 = 1 + (\gamma + 1);$$

现在该定理对 $a = 1$ 为真,因而它对 $a = 2, a = 3$ 等亦为真,这可用下述说法来表述:所阐述的命题通过递归而证明。

2°我说

$$a + b = b + a.$$

该定理刚才针对 $b=1$ 已被证明；可以用分析来核验，若它对 $b=\beta$ 为真，则它对 $b=\beta+1$ 亦为真。

因此，该命题通过递归而成立。

乘法的定义。 我们将用下述等式来定义乘法：

$$a \times 1 = a, \tag{1}$$

$$a \times b = [a \times (b-1)] + a. \tag{2}$$

像等式(1)一样，等式(2)包含着无穷个定义；只要定义了 $a \times 1$，就能使我们相继定义 $a\times 2, a\times 3$ 等等。

乘法的特性——分配性。 我说

$$(a + b) \times c = (a \times c) + (b \times c).$$

我们用分析核验，该等式对 $c=1$ 而言为真；其次，若该定理对 $c=\gamma$ 为真，则它对 $c=\gamma+1$ 亦为真。

因此，该命题通过递归而证明。

交换性。 1° 我说

$$a \times 1 = 1 \times a.$$

该定理对 $a=1$ 而言是显而易见的。

我们用分析验证，若该定理对 $a=a$ 为真，则它对 $a=a+1$ 亦为真。

2° 我说

$$a \times b = b \times a.$$

该定理对于 $b=1$ 而言刚刚证明过了。我们可以用分析核验，若它对 $b=\beta$ 为真，则它对 $b=\beta+1$ 亦为真。

IV

我在这里不再进行这种一连串单调的推理。但是，正是这种单调的东西，更清楚地把一致的、在每一步都要再次遇到的程序显示出来。

这种程序就是递归证明。我们首先针对 $n=1$ 规定一个定理；然后我们证明，若该定理对 $n-1$ 为真，则对 n 也为真，从而得出结论：它对所有的整数都为真。

我们刚才看到，如何可以用递归来证明加法法则和乘法法则，也就是代数计算法则；这种计算是变换的工具，它有助于形成更多的各种不同的组合，远非简单的三段论所能相比；但是，它依然是纯粹分析的工具，不能告诉我们任何新东西。如果数学没有其他工具，它就会因之即刻阻碍自己的发展；但是，它重新求助于同一程序，即求助于递归推理，从而它能够继续前进。

如果我们密切注视一下，我们在每一步都会再次遇到这种推理方式，它或者是以我们刚才给予它的简单形式出现的，或者是以或多或少修正了的形式出现的。

于是，我们在这里有了典型的数学推理，我们必须更为仔细地审查它。

V

递归推理的主要特征是,它包括无穷个三段论,可以说它浓缩在单一的公式中。

为了更清楚地看到这一点,我想依次陈述这些三段论,如果你容许我形容一下的话,它们就好像"多级瀑布"一样直泻而下。

这些当然是假设的三段论。

定理对数 1 为真。

现在,若它对 1 为真,则它对 2 亦为真。

故它对 2 为真。

现在,若它对 2 为真,则它对 3 亦为真。

故它对 3 为真,如此等等。

我们看到,每一个三段论的结论都是下一个三段论的小前提。

而且,我们的所有三段论的大前提都能简化为单一的公式。

若定理对 $n-1$ 为真,则它对 n 亦为真。

其次,我们看到,在递归推理中,我们仅限于陈述第一个三段论的小前提和把所有大前提作为特例包括进来的普遍公式。

从而,这一连串永无休止的三段论就简化为几行短语。

正如我上面已经说明的,现在很容易理解一个定理的每一个特定推论都能够用纯粹分析的程度来核验。

如果我们不去证明我们的定理对于所有数为真,例如我们只希望证明它对 6 这个数为真,那么建立我们的多级瀑布的头五个三段论对我们来说就足够了;如果我们想针对数 10 证明该定理,那么只需要 9 个三段论;数越大,需要的三段论也就越多;然而,不管这个数多么大,我们总能达到目的,从而分析核验是可能的。

可是,无论我们走得多么远,我们也无法上升到对于一切数都适用的普遍定理,而唯有普遍的定理,才是科学的目标。欲达此目的,需要无穷个三段论;这就必须跨越只局限于形式逻辑方法的分析家的忍耐力永远也无法填满的深渊。

起初我曾问过,人们为什么不想象出一个神通广大的心智,一眼就洞察到整个数学真理的本质。

现在很容易回答了;棋手能够预料四五步棋,不管他多么非凡,他也只能准备有限步棋;假使他把他的本领用于算术,他也不能凭借单一的直接直觉察觉算术的普遍真理;为了获得最微小的定理,他也不得不借助递归推理,因为这是能使我们从有限通向无限的工具。

这个工具总是有用的,因为它容许我们像我们所希望的那样飞速跨越许多阶梯,它使我们省去冗长的、使人厌烦的和单调的核验,而这种核验会很快地变得不能实施。但是,只要我们以普遍的定理为目的,它就变得必不可少了,而分析的核验虽则可以使我们不断地接近这一目的,却永远无法使我们达到它。

在算术这个领域,我们可以认为我们自己距微积分十分遥远,然而,正如我们刚刚看到的,数学无限的观念已经起着举足轻重的作用,没有它便没有科学,因为在那里没有普遍的东西。

VI

递归推理所依据的判断能够处于其他形式之下；例如，我们可以说，在不同整数的无限个集合中，总存在着一个比所有其他数都小的数。

我们能够很容易地从一个阐述推到另一个阐述，由此便产生已经证明过递归推理的合法性的幻觉。但是，我们总会受到阻碍，我们总会达到不可证明的公理，而这个公理实际上只不过是有待证明的、翻译成另一种语言的命题罢了。

因此，我们无法摆脱这样一个结论：递归推理的法则不能划归为矛盾律。

对我们来说，这个法则也不能来自经验；经验能够告诉我们，该法则对头十个数或头一百个数为真；例如，它不能到达无限系列的数，而只能到达这个系列的一部分，不管该部分或长或短，但总是有限的。

现在，假若只是那样一个问题，则矛盾律也就足够了；它总会容许我们展开像我们所希望的那么多的三段论；只有在把无限个三段论包括在单一的公式中时，只有在无限面前时，矛盾律才会失效，也就是在那里，经验变得软弱无力。这个法则是分析证明和经验难以得到的，它是先验综合判断的真正类型。另一方面，我们也不能企图在它之内像在几何学的某些公设中那样看见约定。

可是，这种判断为什么以不可遏止之势迫使我们服从呢？那是因为，它只是证实了心智的威力，心智知道，它本身能够想象得出,只要这种行为一次是可能的,同样的行为就可以无限期地重复下去。心智对这种威力有一种直接的直觉,而经验只不过是为利用它、并进而变得意识到它提供机会。

但是,有人会问,如果未加工的经验不能证明递归推理的合法性,那么借助于归纳的实验也是这样吗? 我们陆续看到,一个定理对 1,2,3 等数为真;我们说,这个规律是明显的,它像每一个基于为数很多、但却是有限的观察的物理学定律一样,有着相同的根据。

必须承认,在这里存在着与通常的归纳程序酷似之处。不过,也有本质的差别。用于物理科学中的归纳总是不确定的,因为它建立在宇宙具有普遍秩序的信念上,而这种秩序却是在我们之外的。相反地,数学归纳法即递归证明却必然地强加于我们,因为它只不过是心智本身的特性的确认。

Ⅶ

正如我前面已经说过的,数学家总是力图**概括**他们所得到的命题,不必另找例子,我刚才已经证明了等式:

$$a+1=1+a,$$

后来利用它建立等式

$$a+b=b+a,$$

该等式显然更为普遍。

因此,像其他科学一样,数学也能够从特殊行进到普遍。

在开始这项研究时,这是一个我们似乎不可理解的事实,但是由于我们弄清了递归证明和普通归纳的类似性,这个事实在我们看来就不再神秘了。

毫无疑问,数学中的递归推理和物理学中的归纳推理建立在不同的基础上,但是它们的步调是相同的,它们在同一方向前进,也就是说,从特殊到普遍。

让我们稍为比较仔细地审查一下这种情况。

为了证明等式

$$a+2=2+a,$$

只要把法则

$$a+1=1+a \tag{1}$$

运用两次就足够了,而且可以写出

$$a+2=a+1+1=1+a+1=1+1+a=2+a. \tag{2}$$

无论如何,用纯粹分析的方法从等式(1)如此演绎出来的等式(2)绝不仅仅是(1)式的特例;它是完全不同的某种东西。

因此,我们甚至不能说:在数学推理的真正分析的和演绎的部分,我们是在该词的通常意义上从普遍行进到特殊。

与等式(1)的两个数相比,等式(2)的两个数只不过是更为复杂的组合而已,分析仅仅用来把进入这些组合中的元素分开并研究它们的关系。

因此,数学家是"通过构造"而工作的,他们"构造"越来越复杂的组合。他们通过分析这些组合,这些集合体,可以说返回到它们的初始元素,他们察觉到这些元素的关系,并从它们推导出集合体本身的关系。

这是纯粹分析的步骤,但是它无论如何不是从普遍到特殊的步骤,因为很明显,不能把集合体视为比它们的元素更特殊。

人们正当地赋予这种"构造"程序以重大的意义,一些人还力图从中发现精密科学进步的必要条件和充分条件。

无疑地,这样做是必要的;但并不是充分的。

要使一种构造物有用而不白费心血,而且可以作为人们希望攀登的阶梯,那么它首先必须具有一种统一性,这种统一性能使我们从中看到某种东西,而不只是看到它的元素本身的并置。

或者,更确切地讲,考虑构造物,而不是考虑它的元素本身,必定有某些好处。

这种好处能够是什么呢?

例如,为什么针对总是可以分解为三角形的多边形推理,而不针对基本的三角形推理呢?

这是因为属于任何边数的多边形的特性可以用于任何特定的多边形。

相反地,通过直接研究基本三角形的关系发现这些特性,结果就要耗费大量的精力。知道了普遍定理便节省了这些精力。

因此,一个构造物要变得有趣,只有当它能够与其他类似的构造物并列,从而形同一个属(genus)的种(species)时。

假如四边形不是两个三角形的并置,这是因为它属于多边形之属。

而且,人们必定能够证明这个属的特性,而不会被迫针对每一个种去相继建立它们。

欲达此目的,我们必须攀登一个或多个阶梯,从特殊上升到普遍。

　　"通过构造"的分析程序没有迫使我们下降,而是让我们留在同一水平线上。

　　我们只有借助数学归纳法才能攀登,唯有它能够告诉我们某种新东西。没有在某些方面与物理学归纳法不同的、但却同样有效的数学归纳法的帮助,则构造便无力去创造科学。

　　最后要注意,只有同样的运算能够无限地重复,这种归纳法才是可能的。这就是为什么国际象棋的理论从来也不能变成科学,因为同一象棋比赛的不同走法彼此并不相似。

第二章　数学量和经验

要获悉数学家对连续统（continuum）任何理解，人们不应询问几何学。几何学家总是企图或多或少地想象他所研究的图形，但是他的表象在他看来仅仅是一种工具；在创造几何学时，他要利用空间，正如他用粉笔画图一样；对非本质的东西不应当赋予过多的权重，其重要性往往并不比粉笔的白色更多一些。

纯粹的解析家并不害怕这一危险。他使数学科学脱离所有无关的元素，而且他能够回答我们的问题："严格地说来，数学家就其进行推理的这个连续统是什么呢？"许多对他们的技艺进行沉思的解析家已经做出了回答；例如，塔纳里（Tannery）先生在他的《单变函数论导论》一书中就这样作了。

让我们从整数的标度开始；在两个连续步骤之间插入一个或多个中间步骤，然后在这些新步骤中再插入其他步骤，如此类推，以至无穷。这些步骤将是所谓的分数、有理数或可通约数。但是，这还不够；无论如何，在这些已经是无限个数的项之间，还必须插入称之为无理数或不可通约数的其他数。在更进一步之前，我们要评论一下。如此设想的连续统，只不过是按某种顺序排列起来的、在数目上无限的个体的集合物，它虽则为真、但却是相互**外在**的。这不是通常的概念，其中假定，在连续统的元素之间，存在着一类使它们成为整体的密切的结合物，在那里，点不是在线之先，而是线在点之先。从"连续统是相重数（multiplicity）的单位（unity）"这一受人称颂的公式中，只保留着多样性（multiplicity），统一性（unity）却消失了。解析家在像他们所作的那样定义连续统时，他们仍然是正确的，因为只要他们夸耀他们的严格性，他们总是正好以此公式推理的。这足以告诉我们，真正的数学连续统是与物理学家的连续统和形而上学家的连续统大相径庭的东西。

也许可以说，满足于这个定义的数学家受到词的愚弄，为了解释这些中间步骤如何被插入，为了证明这样做是可能的，就必须精确地讲出每一个中间步骤的是什么。但是，那就错了；在他们的推理[①]中所运用的这些步骤的唯一特性是在如此这般的步骤之前或之后存在的特性；因此，也唯有这一特性应当出现在定义中。

这样看来，中间项应该如何插入不需要我们涉及；另一方面，没有一个人会怀疑这种操作的可能性，除非他忘记了，在几何学家的语言中，可能的仅仅意味着无矛盾。

不管怎样，我们的定义还不完备，我将在这段冗长的题外话之后再谈及它。

不可通约数的定义。柏林学派的数学家，尤其是克罗内克（Kronecker），不用整数以外的任何材料，致力于构造分数和无理数的这一连续标度。照此看来，数学连续统也许是心智的纯粹创造，经验大概并未参与其中。

---

① 以及包括在特殊约定中的推理，这些约定适合于定义加法，我将在后面谈到它们。

　　有理数概念对他们来说似乎没有困难，他们主要力求定义不可通约数。可是，在这里介绍他们的定义之前，我必须议论一下，以抢先保证不引起那些不熟悉几何学家习惯的读者的惊奇。

　　数学家研究的不是客体，而是客体之间的关系；因此，只要关系不变，这些客体被其他客体代换对他们来说是无关紧要的。在他们看来，内容（matter）是不重要的，他们感兴趣的只是形式。

　　不想到这一点，就无法理解戴德金（Dedekind）竟然会把纯粹的符号称为**不可通约数**，也就是说，这种数完全不同于应当是可度量的并且几乎是可触知的量的普通观念。

　　现在，让我们看看戴德金的定义是什么：

　　可通约数能够以无穷方式分为两类，以致第一类中的任何数都大于第二类中的任何数。

　　也可能会出现这种情况：在第一类数中，有一个数小于所有其他数；例如，如果我们把所有大于 2 的数和 2 本身排在第一类，把所有小于 2 的数排在第二类，那么很清楚，2 将是第一类所有数中最小的。数 2 可以选来作为这种分类的符号。

　　相反地，也可能会出现下述情况：在第二类数中，有一个数大于所有其他数；例如，如果把所有大于 2 的数排在第一类，把所有小于 2 的数和 2 本身排入第二类，情况就是这样。在这里，数 2 再次可以选作分类的符号。

　　但是，同样完全可以发生下述情况：在第一类中既不存在小于所有其他数的数，在第二类中也不存在大于所有其他数的数。例如，假定我们把其平方大于 2 的所有可通约数放入第一类，把其平方小于 2 的所有可通约数放入第二类。这里没有其平方恰恰是 2

的数。显然,在第一类中没有小于所有其他数的数,因为不管一个数的平方多么接近 2,我们总是能够找到一个可通约数,其平方更接近于 2。

按照戴德金的观点,不可通约数

$$\sqrt{2} \ 或 (2)^{\frac{1}{2}}$$

无非是把可通约数分开的这一特殊式样的符号;于是,对于每一种分开的式样,对应着一个可通约数或不可通约数作为它的符号。

可是,满足这一点也许未免过于轻视这些符号的来源了;依然要说明,我们如何被导致把一种具体的存在赋予它们,此外,甚至对于分数本身来说,一开始不就存在着困难吗? 如果我们预先不了解我们认为是无限可分的内容即连续统,我们会有这些数的概念吗?

物理连续统。 我们于是问自己,数学连续统的概念是否只是从经验而来。如果是,那么经验的粗糙材料——这就是我们的感觉——也许容许度量。我们可能被诱使认为,它们实际上就是如此,由于最近有人企图去测量它们,甚至提出了一个通称费希纳(Fechner)定律的规律,按照这个定律,感觉与刺激的对数成正比。

然而,如果我们较为仔细审查一下曾经试图建立这个定律的实验,我们将会得出截然相反的结论。例如,人们观察到,10 克的重物 A 和 11 克的重物 B 产生相同的感觉,重物 B 与 12 克的重物 C 同样无法区分,但是重物 A 却很容易与重物 C 区别开来。于是,经验的粗糙结果可以用下述关系来表示:

$$A = B, B = C, A < C,$$

可以把这些关系视为物理连续统的公式。

可是,这里存在着与矛盾律无法容忍的背离,消除这一背离的需要迫使我们发明数学连续统。

因此,我们不能不得出结论:这一概念完全是由心智创造的,但是经验为它提供了机会。

我们无法相信,等于第三个量的两个量彼此不相等,以致我们可以假定,尽管 A 不同于 B,B 不同于 C,但是由于我们的感官不完善,不容许我们区别它们。

数学连续统的创造。第一阶段。迄今为止,为了说明事实起见,只要在 A 和 B 之间插入几项就足够了,这几项依然是离散的。如果我们求助于某些工具以弥补我们感官的软弱无力,例如我们使用显微镜,那么现在会发生什么情况呢?像以前不可区别的 A 和 B 项,现在也似乎可以区分了;可是,在现在变得可区分的 A 和 B 之间再插入一个新项 D,则我们既不能把它与 A 区别开来,也不能把它与 B 区别开来。除非使用最完善的方法,我们经验的粗糙结果将总是呈现具有内在矛盾的物理连续统的特征。

只有在已经区分开来的项中连续不断地插入新项,我们才能摆脱它,而且这一操作必须无限期地进行。如果我们能够想象某种威力充分强大的工具,足以把物理连续统分解为离散的元素,就像望远镜把银河分解为恒星那样,我们就可以设想中止这种操作。但是,我们不能想象这一点;事实上,我们正是用眼睛观察显微镜放大了的图像的,因此这个图像必然总是包含着视觉的特征,从而包含着物理连续统的特征。

直接观察到的长度和用显微镜放大一倍的这一长度之半无法区分。整体与部分是齐性的；这是一个新的矛盾，或者确切地讲，如果假定项数是有限的才是这样的；事实上，很清楚，包含比整体少的项的部分不可能相似于整体。

当项数被认为是无限时，矛盾就不存在了；例如，没有什么东西妨碍人们认为整数的集合相似于偶数的集合，虽则偶数只不过是整数的一部分；事实上，每一个整数都对应着一个偶数，即对应着整数的倍数。

但是，心智被引导创造出用无限数目的项形成的连续统的概念，这并不仅仅是为了避免包含在经验材料中的这种矛盾。

一切都像在整数序列中发生的一样。我们有能力设想，一个单位能够加到多个单位的集合中；多亏经验，我们才有机会训练这种能力，我们逐渐意识到它；可是，从这时起，我们感到我们的能力没有限度，我们能够无限期地数下去，尽管我们从来还没有数过多于一个有限数目的对象。

同样地，只要我们被诱使在一个级数的两个相继项之间插入中间项，我们便发觉，这种操作能够超越所有限度而继续下去，也就是说，没有停止的固有理由。

为简便起见，让我把按照与可通约数的标度相同的规则形成的项的每一个集合称为一阶数学连续统。如果我们进而按照形成不可通约数的规律插入新的步骤，我们将会得到我们所谓的二阶连续统。

第二阶段。迄今，我们仅仅是迈出了第一步；我们说明了一阶连续统的起源；但是，有必要看到，为什么甚至连它们也不是充分的，为什么必须发明不可通约数。

如果我们试图想象一条线，那么它必须具有物理连续统的特征，也就是说，除非具有某一宽度，否则我们将无法描绘它。于是，两条线在我们看来似乎形成了两条狭带，如果我们满足于这种粗糙的图像，那么显而易见，若两线相交，则它们将拥有公共部分。

可是，纯粹几何学家却做出进一步的努力；他完全放弃了感官的帮助，试图达到没有宽度的线的概念、没有广延的点的概念。他只有把线视为不断变窄的带子的极限，把点视为不断缩小的面积的极限，才能够得到这个概念。其次，不管我们的两条相交的带子多么窄，它们总有公共的面积，带子越窄，面积越小，它们的极限将是纯粹几何学家所谓的点。

这就是人们说两条相交的线具有公共点的原因，这个真理似乎是直觉的。

然而，如果线被设想为一阶连续统，也就是说，在几何学家所画的线上只能找到具有有理数坐标的点，那它就含有矛盾。例如，只要人们坚持直线和圆的存在，则矛盾是很明显的。

事实上，很清楚，假如唯有其坐标是可通约数的点才被认为是真实的，那么正方形的内接圆和这个正方形的对角线便不会相交，因为交点的坐标是不可通约的。

这还不可能是充分的，因为我们以这种方式得到的只是某些不可通约数，而不是全部不可通约数。

可是，设想一下一直线分为两条射线。每条射线在我们的想象中似乎都是某种宽度的带子；而且，这两条带子将相互叠加，由于在它们之间必须没有空隙。这个公共部分在我们看来好像是一点,当我们力图把带子想象得越来越窄时,该点将总是保留着,以至于我们承认,若一直线被切割为两条射线,则它们的公共边界是一个点,这是直觉的真理;在这里我们辨认出戴德金(Dedekind)的概念:不可通约数被视之为两类有理数的公共边界。

这就是二阶连续统的起源,这恰恰是所谓的数学连续统。

摘要。简而言之,心智具有创造符号的能力,从而正是心智,构造了只是符号特殊系统的数学连续统。其能力只是受到避免所有矛盾的必要性的限制;但是,只有经验向那里给心智提供刺激物,心智才能利用这种能力。

在所考虑的情况下,这种刺激物是从感觉的粗糙材料中引出的物理连续统的概念。不过,这个概念导致了一系列的矛盾,必须使我们自己相继从这些矛盾中摆脱出来。照此办理,我们势必想象越来越复杂的符号系统。至今,我们在其中停下来的系统不仅无内部矛盾(在我们经过的所有的阶段已经如此),而且与各种所谓的直觉的命题也无矛盾,这些直觉命题是从或多或少经过提炼的经验概念中推导出来的。

可测量的量。迄今为止,我们所研究的量都不是**可测量**的;我们固然能够说这些量中的一个给定量是否比另一个大,但却不能说它是否比另一个大一倍还是大两倍。

截至目前,我仅仅考虑了我们的项排列的顺序。可是,就大多数应用来说,这并不充分。我们必须学会比较把任何两项分开的区间。只有在这个条件的基础上,连续统才会变为可测量的量,算术运算才是可应用的。

这只能借助新的、特殊的**约定**来进行。我们将**公认**,在这样的情况下,A 项和 B 项之间的区间等于 C 项和 D 项之间的区间。例如,在我们的著作的开头,我们曾从整数的标度开始,我们设在两个相继步骤之间插入 n 个中间步骤;好了,这些新步骤根据约定将被视为是等距离的。

这是定义两个量的加法的方式,因为若区间 AB 根据定义等于区间 CD,则区间 AD 根据定义将是区间 AB 和 CD 之和。

这个定义在很大程度上是任意的。然而也不完全如此。它服从某些条件,例如服从加法交换律和结合律。不过,一旦选定的定义满足这些法则,选择就无关紧要了,列举它也就无用了。

几点评论。现在,我们能够讨论几个重要的问题:

1° 心智的创造力由于数学连续统的创造而枯竭了吗?

不,杜布瓦-雷蒙(Du Bois-Reymond)以引人注目的方式证明这一点。

我们知道,数学家区分不同阶的无限小,二阶无限小不仅以绝对的方式是无限小,而且相对于一阶无限小也是无限小。不难设想分数阶的无限小乃至无理数阶的无限小,从而我们再次发现数学连续统的标度,这正是我们在前几页所处理的。

再者,有些无限小相对于一阶无限小是无限小,相反地,它们相对于 $1+\varepsilon$ 阶无限小则是无限大,而不管 ε 可能多么小。于是,这里有插入级数中的新项,如果可以容许我回复到不久前使用过的、虽不怎么通用但却十分方便的措辞,那么我将说,这样便创造了一种三阶连续统。

要再进一步是很容易的,但这却是无用的;人们只能想象没有应用可能的符号,没有一个人想这样做。考虑到不同阶的无限小而导致的三阶连续统本身并没有有用到足以赢得公民身份,几何学家只是把它视为珍奇的玩意儿。心智运用它的创造能力,只有在经验需要它的时候才行。

2°一旦有了数学连续统的概念,人们能免除类似于产生它的那些矛盾吗?

不能,我将举一个例子。

人们必须很博学,才不致认为凡曲线都有切线是明显的;事实上,如果我们把这个曲线和一条直线画为两条窄带,我们总是能够如此安排它们,使它们有公共部分而不相交。其次,如果我们想象这两条带子的宽度无限地缩小,这个共同部分将总是继续存在,可以说到达极限,两线将有共同点而不相交,也就是说,它们将相切。

以这种方式推理的几何学家只是有意或无意地正在做我们在上面已经做过的事情,即证明两线相交有一公共点,他的直觉好像是合理的。

可是,直觉也许会欺骗他。我们能够证明,存在着没有切线的曲线,倘若这样的曲线被定义为二阶分析连续统的话。

毫无疑问,类似于我们上面已经讨论的某些技巧也许足以消除矛盾;但是,因为这只有在十分例外的情况下才会遇到,它没有受到进一步的注意。

我们不想试图把直觉与解析调和起来,我们甘愿牺牲二者之一,因为解析必定依然是无懈可击的,所以我们决定舍弃直觉。

多维物理连续统。我们在上面讨论了从我们感官的直接材料引出的物理连续统,或者,如果你乐意的话,也可以说是从费希纳实验的粗糙结果引出的物理连续统;我已经表明,这些结果总括在下述矛盾的公式中:

$$A = B, B = C, A < C.$$

现在让我们看看,这一概念怎样被概括,如何从它得出多维连续统的概念。

考虑任何两个感觉的集合。或者我们能够把它们一一辨别开来,或者我们不能辨别,正像在费希纳实验中那样,10 克的重物能够与 12 克的重物区别开来,但不能与 11 克的重物区别。这就是为构造多维连续统所需要的一切。

让我们把这些感觉集合中的一个集合称为一个**元素**。这类似于数学家的**点**;不过也不是完全相同的东西。我们不能说我们的元素没有广延,由于我们无法把它与邻近的元素加以区别,从而它犹如被一种烟雾包围着。假如可以容许用天文学作比,那么我们的"元素"也许像星云,而数学点则像恒星。

这已得到承认,如果我们借助于每一个元素都与前一个可以区分的相继元素的系列,能够从它们中的任何一个到达另一个,那么元素的系统将形成一个**连续统**。这种**线性系列**就是数学家的**线**,而孤立的**元素**则是点。

在进一步之前,我们必须解释所谓**截量**意味着什么。考虑一个连续统 C,并从中取出它的某些元素,我们暂时将认为这些元素不再属于这个连续统。如此取出的元素的集合将被称之为截量。于是便发生了下述情况:由于这个截量,C 可以**再分**为许多不同的连续统,留下的元素的集合不再形成唯一的连续统。

于是,在 C 上将有两个元素 A 和 B,必须认为它们属于两个不同的连续统,而且人们将承认这一点,因为不可能找到 C 的相继元素的线性**系列**,这些第一个是 A 而最后一个是 B 的元素中的每一个都与前一个不可区分,**这个系列中的元素之一不能与截量中的元素之一区分开来。**

相反地,也可能出现这样的情况:所做出的截量不足以再分割连续统 C。为了对物理连续统进行分类,我们将严格地审查,为了再分它们必须做出的截量是什么。

如果一个物理连续统 C 能够被一个截量再分,而这个截量可以划归为都可以相互区分的有限数目的元素(从而既不形成一个连续统,也不形成几个连续统),那么我们将说 C 是**一维**连续统。

相反地,如果 C 只能被本身是连续统的截量再分,我们便说 C 有多维。如果是一维连续统的截量就能够再分,我们便说 C 有两维;如果是两维连续统的截量就足以再分,我们便说 C 有三维,如此等等。

这样一来,由于两个感觉集合是可区分的或不可区分的这一十分简单的事实,便定义了多维物理连续统的概念。

多维数学连续统。通过完全类似于我们在本章开头所讨论的过程,n 维数学连续统的概念由此十分自然地涌现出来。你知道,这种连续统的点在我们看来好像是用称之为其坐标的 n 个不同的量的系统来定义的。

这些量并不需要总是可测量的;例如,有一种与测量这些量无关的几何学的分支,在这种几何学中,例如需要了解的问题只是,在曲线 ABC 上,点 B 是否在点 A 和点 C 之间,而不需要了解弧 AB 是等于弧 BC 呢,还是比弧 BC 大一倍呢。这就是所谓的**拓扑学**。

这是一门完整的学说,它吸引了绝大多数几何学家的注意力,我们从中看到,一系列值得注意的定理一个从另一个里涌现出来。这些定理与通常的几何学的定理的不同之处在于,它们纯粹是定性的,即使图形被拙劣的绘图员画得严重歪曲了比例,由于颤抖而把直线画得多少有些弯曲,这些定理依然为真。

由于我们希望接着把测量引入刚刚定义的连续统,于是这个连续统变为空间,几何学诞生了。但对此的讨论留在第二编。

第 二 编

空　间

第三章　非欧几何学

每一个结论假定先有前提；这些前提本身或者是自明的而不需要证明，或者只能依赖其他命题而建立，鉴于我们不能这样追溯到无穷，每一门演绎科学，尤其是几何学，必须以某一数目的不可证明的公理为基础。因此，有关几何学的论著，都是以陈述这些公理开始的。不过，在这些公理中，也要有所区分：例如，"等于同一量的一些量彼此相等"就不是几何学命题，而是分析命题。我认为它们是先验分析判断，我不愿去理会它们。

可是，我必须强调几何学所特有的其他公理。大多数专著中都明确地陈述了这三个公理：

1°通过两点只能作一条直线；

2°直线是一点到另一点的最短的路径；

3°通过一给定点只能引一条直线与已知直线平行。

一般地，虽然第二个公理的证明被省略了，但是从其他两个公理以及从许多默认而没有阐述它们的公理中，可以把它演绎出来，我将进一步说明这一点。

人们长期以来也想证明第三个公理，即所谓的**欧几里得公设**，但总是白费气力。人们为这一幻想的期望耗费了多么巨大的精力啊，其情景真是令人不可思议。最后，在 19 世纪头 25 年，几乎在同一时期,匈牙利的鲍耶(Bolyai)和俄国的罗巴契夫斯基无可辩驳地指出,这种证明是不可能的;他们几乎使我们摆脱了"无公设"的几何学的发明家;从此以后,法国科学院每年仅收到一两篇新证明的论文。

问题并没有结束;不久,由于黎曼(Riemann)发表了题为《几何学的基本假设》的著名论文,问题才获得了巨大进展。这篇论文引出了许多新近的著作,我将进一步谈论它们,在这些著作中,引用一下贝尔特拉米(Beltrami)和亥姆霍兹(Helmholtz)的著作是合适的。

鲍耶-罗巴契夫斯基几何学。假如可以从其他公理导出欧几里得公设,那么显而易见,在否定该公设和承认其他公理时,我们便会导致出矛盾的推论;因此,不可能在这样的前提上建立融贯的几何学。

现在,这恰恰是罗巴契夫斯基所做的事情。

他开始假定:**通过一给定点能够引两条与已知直线平行的直线。**

此外,他仍保留了欧几里得的所有其他公理。从这些假设出发,他演绎出一系列定理,在其中不可能找到任何矛盾,而且他构造出一种几何学,其完美无缺的逻辑绝不亚于欧几里得几何学的逻辑。

当然,这些定理与我们习用的定理截然不同,乍看起来,它们不能不使人们稍感困惑。

例如,三角形的三个角之和总是小于两直角,这个和和两直角之差与三角形的曲面成比例。

不可能构造一个与已知图形相似、但具有不同维度的图形。

如果我们把圆周分为 n 等分，并在各分点引切线，若圆的半径足够小，则这 n 个切线将形成一个多边形；可是，若这个半径足够大，则它们将不相交。

多举这些例子是无用的；罗巴契夫斯基的命题与欧几里得的命题毫不相干，但它们在逻辑上却是相互密切关联的。

黎曼几何学。设想一个唯一地由没有厚度（高度）的生物栖息的世界；并假定这些"无限扁平"的动物都在同一平面而不能离开。此外，还要承认这个世界距其他世界足够远，以致摆脱了那些世界的影响。当我们正在做假设时，我们不妨再赋予这些生物以理性，并相信它们能够创造几何学。在此情况下，它们将肯定认为空间只有两维。

不过，现在假定，这些想象的动物虽则依然没有厚度，但它的体形却是球形的而不是平面形的，它们都在同一球上，没有能力走出去。它们将构造什么几何学呢？首先，很清楚，它们将认为空间只有两维；对它们来说，起直线作用的将是球面上一点到另一点的最短路径，即大圆弧；一句话，它们的几何学将是球面几何。

它们所谓的空间将是它们必须停留于其上的这个球面，在这个球面上，发生着它们能够了解的一切现象。因此，它们的空间将是**无界的**，因为在一个球面上人们总是能够一直向前而永远也不会停下来，不过它们的空间将是**有限的**；人们从来也不能找到它的终点，但却可以绕它转圈子。

好了，黎曼几何学是扩展到三维的球面几何。为了构造它，这位德国数学家不仅不得不抛弃欧几里得公设,而且也不得不抛弃第一个公理:**通过两点只能作一条直线。**

一般地讲,在球面上,通过两已知点我们只能引一个大圆(正如我们刚才看到的,对于我们想象的生物来说,这种大圆可以起直线的作用);但是也有例外:若两已知点在对径上,则通过它们能引无数个大圆。

同样地,在黎曼几何学(至少在它的各种形式之一)中,通过两点一般只能引一条直线;但是也有例外情况,即通过两点能引无数条直线。

在黎曼几何学和罗巴契夫斯基几何学之间存在着某种对立的东西。

例如,三角形的角之和是:

在欧几里得几何学中等于两直角;

在罗巴契夫斯基几何学中小于两直角;

在黎曼几何学中大于两直角。

通过一给定点能够引与已知直线共面但无论在什么地方也不与之相交的直线数是:

在欧几里得几何学中等于 1;

在黎曼几何学中等于 0;

在罗巴契夫斯基几何学中等于无限。

而且,黎曼空间虽则是无界的,但却是有限的,这是在上面给予这两个词的意义上而言的。

常曲率面。 一种反对意见依然是可能的。罗巴契夫斯基和黎曼的定理没有表现出矛盾;可是,这两位几何学家无论从他们的假设中引出多么多的推论,他们也必须在穷尽这些推论之前停下来,不然其数目将是无限的了;而且,谁能够说,如果他们把演绎推得更远一些,他们最终不会达到某些矛盾吗?

对于黎曼几何学而言,只要把它限制在两维,就没有这种困难;事实上,正如我们看到的,两维黎曼几何学与球面几何毫无差别,它只是普通几何学的一个分支,因而毋庸讨论。

同样,贝尔特拉米把罗巴契夫斯基的两维几何学看做是普通几何学的一个分支,他也驳斥了有关的反对意见。

在这里,且看他是如何完成它的。考虑曲面上的任何图形。设想这个图形以下述方式画在一个易弯曲而不可扩展的、紧贴在这个曲面的画布上:当这个画布移动和变形时,这个图形的各种线条能改变它们的形状而不改变它们的长度。一般说来,这个易弯曲而不可扩展的图形在不离开该曲面的情况下是不能移动的;但是,也有某些特殊的曲面可以这样移动;这就是常曲率面。

如果我们重新开始上面所作的比较,并设想没有厚度的生物生活在这些曲面之一上,那么它们将认为其所有线条在长度上依然保持不变的图形的运动是可能的。相反地,对于生活在可变曲率面上的无厚度的动物来说,这样一种移动似乎是荒谬的。

这些常曲率面分为两类:一些是**正曲率**的,它们能够变形而紧贴在球面上。因此,这些曲面的几何学本身划归为球面几何,这就是黎曼几何学。

其余是**负曲率**的。贝尔特拉米证明,这些曲面几何学无非是罗巴契夫斯基几何学。这样一来,黎曼和罗巴契夫斯基的二维几何学便与欧几里得几何学相关。

　　非欧几何学的诠释。就这样,便消除了迄今关涉二维几何学的反对意见。

　　可以很容易地把贝尔特拉米的推理推广到三维几何学。不排斥四维空间的心智将不会从中看到困难,但这种心智寥寥无几。因此,我宁可在其他方面继续讲下去。

　　考虑某一平面,我将称其为基本平面,并编制一种词典,使写在两列中的两组术语一一对应,就像在普遍词典中其意义相同的两种语言的词相对应一样:

空间:位于基本平面以上的空间部分。

平面:与基本平面正交的球面。

直线:与基本平面正交的圆。

球面:球面。

圆:圆。

角:角。

两点之间的距离:这两点以及基本平面与通过这两点的、并与之正交的圆的交点之交比的对数。如此等等。

　　现在,以罗巴契夫斯基定理为例,并借助这本词典翻译它们,正如我们用德英词典翻译德文文本一样。**这样,我们将得到普通几何学的定理**。例如,有一罗巴契夫斯基定理:"三角形的角之和小于两直角",它可以这样翻译为:"如果一曲线三角形的边延长后是与基本平面正交的圆弧线,则这个曲线三角形的角之和将小于两直角。"于是,不管把罗巴契夫斯基假设的推论推得多么远,它们将永远也不会导致矛盾。事实上,假如两个罗巴契夫斯基定理是矛盾的,那么它势必与借助于我们的词典所翻译的这两个定理的译文相同,但是这些译文是普通几何学的定理,而没有人对普通几何学无矛盾表示怀疑。这种确定性从何而来呢,它被证明是正当的吗? 这是一个我无法在这里处理的问题,因为说起来话就长了,但是,它是十分有趣的,我不认为不可解决。

因此在这里不存在我在上面所阐述的反对意见。这并非一切。罗巴契夫斯基几何学可容许被具体地加以诠释,而并不是空洞的逻辑练习,它还可以应用;在这里,我无暇谈论这些应用,也无暇谈及克莱因(Klein)和我为积分线性微分方程从它们得到的帮助。

而且,这种诠释并不是唯一的,人们可以编制许多类似于前述词典的词典,它们都能使我们通过简单的"翻译",把罗巴契夫斯基定理变换为普通几何学定理。

隐公理。 在我们的专著中明确阐述的公理是几何学的唯一基础吗? 由于注意到,在它们被相继抛弃后,还留下某些与欧几里得、罗巴契夫斯基和黎曼的理论共同的命题,所以我们确信它们并不是几何学的唯一基础。这些命题必须建立在几何学家没有阐述但却公认的前提上。试图把它们与经典证明分清,这是有趣的事。

斯图尔特·穆勒(Stuart Mill)宣称,每一个定义都包含着公理,因为在定义时,人们隐含地断言被定义的客体的存在。这未免走得太远了;在数学中,在下定义之后,免不了接着要证明被定义的对象的存在,人们之所以一般省去证明,是因为读者能够很容易地补充它。绝对不要忘记，当涉及数学实体时，当谈论物质的对象问题时，存在这个词与之并非同义。一个数学实体存在，只要它的定义既在自身之内不隐含矛盾、或与已经公认的命题不发生矛盾就可以了。

不过，即使斯图尔特·穆勒的观察不能用于所有定义，但对于它们中的一些依然是正确的。平面有时被如下定义：

平面是这样一种面，即连接该面任何两点的直线全部在这个面上。

这个定义明显地隐藏着一个新公理；的确，我们必须改变它，这也许更为可取，不过我们为此应该明确地阐述公理。

其他定义也能引起并非不重要的思考。

例如，二图形相等的问题；两图形相等，只有它们能够叠合才行，要使它们叠合，则必须移动一个，直至它与另一个重合；可是，将如何移动它呢？如果我们问这个问题，那么我们无疑会被告知，必须在不改变其形状的情况下移动它，就像它是刚体一样。因此，显然会出现循环论证。

事实上，这个定义并没有定义什么；对于生活在只有流体的世界的生物来说，它是毫无意义的。假如它在我们看来似乎是清楚的，那是因为我们利用了天然固体的性质，天然固体与所有维度都不可改变的理想固体并没有很大的差别。

尽管这个定义可能是不完善的，但它也隐含着公理。

刚性图形运动的可能性并不是自明的真，或者至少仅就欧几里得公设的样式来看是如此，它不像先验分析判断那样。

再者，在研究几何学的定义和证明时，我们看到，人们被迫在毫无证据的情况下不仅承认这种运动的可能性，此外还要承认它的某些性质。

可以立即从直线的定义中看到这一点。人们给出了许多有缺陷的定义，但是真正的定义却隐含在直线所参与的一切证明中：

"刚性图形的运动可以这样发生：属于这个图形的线的各点依然不动，而处于这条线外的各点则运动。这样的线被称之为直线。"在这个阐述中，我们故意把定义和它所隐含的公理隔离开来。

许多证明，例如三角形全等例子的证明，从一点向一直线引垂线的证明，都预先假定了未阐述的命题，因为它们需要承认，在空间以某种方式移动图形是可能的。

第四种几何学。在这些隐公理中，有一个公理在我看来似乎是值得注意一下的，因为抛弃了它，便能够构造出像欧几里得、罗巴契夫斯基和黎曼的几何学一样融贯的第四种几何学。

为了证明在一点 A 总可以向直线 AB 引垂线，我们考虑一直线 AC，它可以绕 A 点移动且开始时与固定的直线 AB 重合；我们使它绕点 A 转动，直到它转到 AB 的延长线上。

这样一来，便预先假定了两个命题：首先，这样的转动是可能的，其次，转动可以继续下去，直到两条直线互为延长线时为止。

如果承认第一点而否认第二点，我们便有可能得到一系列定理，这些定理甚至比罗巴契夫斯基和黎曼的定理更奇异，但同样没有矛盾。

我只想引用这些定理中的一个，它并不是最奇特的：**实直线可以垂直于它本身。**

李定理。在典型的证明中,隐含地引入的公理数比所需要的要多,把它简化到最少也许是引人入胜的。希尔伯特(Hilbert)仿佛已对这个问题做出了最后的解答。首先,人们大概会先验地询问,这种简化是否可能,必要的公理数和可以想象的几何学数是否不是无限的。

索弗斯·李(Sophus Lie)定理支配着这一整个讨论。它可以这样阐述:

假定下述前提得到公认:

1°空间有 n 维;

2°刚性图形的运动是可能的;

3°要决定这个图形在空间的位置需要 p 个条件。

适合于这些前提的几何学数将是有限的。

甚至还可以附加说,如果 n 是已知的,能够指定最高极限为 p。

因此,如果承认运动的可能性,那么只能发明有限(甚至是相当少的)数目的三维几何学。

黎曼几何学。可是,这个结果似乎受到黎曼的反驳,因为这位学者构造了无数不同的几何学,通常以他名字命名的几何学只是一个特例。

他说,一切均取决于如何定义曲线的长度。现在,有无数定义这一长度的方法,它们中的每一个都可以成为新几何学的起点。

这是完全为真,不过这些定义中的大多数都与刚性图形的运动格格不入,而在李定理中,则假定这种运动是可能的。因此,这些黎曼几何学尽管在许多方面如此有趣,但它们永远不过是纯粹分析的,是不适合于类似于欧几里得那样的证明的。

希尔伯特几何学。最后韦罗纳塞(Veronese)先生和希尔伯特先生曾构想出更新奇的几何学,他们称其为"**非阿基米德(Archimedes)几何学**"。他们舍弃**阿基米德公理**,而建立新的几何学,根据这条公理,凡以足够大的整数乘以给定的长度,最终必然超过原先给定的任何大的长度。在一条非阿基米德直线上遍布着普通几何学的点,但尚有无穷的点夹在其中,这样一来,旧派几何学家认为相邻接的两截段之间,现在就可以插入无穷多的新点。一句话,按前一章的说法,非阿基米德空间不再是二维连续统,而是三维连续统。

关于公理的本性。大多数数学家仅仅把罗巴契夫斯基几何学视为纯粹的逻辑珍品;可是,他们之中的有些人走得更远。由于许多几何学是可能的,我们的几何学肯定是真的吗?经验无疑教导我们,三角形的角之和等于两直角;但是,这是因为我们所涉及的三角形太小了;按照罗巴契夫斯基的观点,差别正比于三角形的面积;当我们计算较大的三角形时,或者当我们的测量变得更精确时,这种差别不能被感觉到吗?因此,欧几里得几何学只不过是暂定的几何学。

为了讨论这种意见,我们首先应该问我们自己,几何学公理的本性是什么?

它们是像康德(Kant)所说的先验综合判断吗?

于是,它们以如此强大的力量强加于我们,以致我们既不能设想相反的命题,也不能在其上建设理论大厦。那里不会有非欧几何学。

为了确信这一点,让我们举一个名副其实的先验综合判断,例如下述我们在第一章中已经看到它的举足轻重的作用的例子:

如果一定理对数 1 为真,如果业已证明,倘若它对 n 为真,则它对 $n+1$ 亦为真,那么它将对所有的正整数都为真。

可是,企图否认这一命题而摆脱它,企图建立一种类似于非欧几何学的伪算术——那是不能做到的;乍一看,人们甚至会被诱使认为这些判断是分析的。

再者,重新谈谈我们虚构的无厚度的动物吧,我们简直不能承认,假如它们的心智像我们的一样,它们会采纳与它们的一切经验相矛盾的欧几里得几何学。

我们能够因此得出几何学公理是经验的真理的结论吗?可是,我们没有做关于理想直线或圆的实验;人们只能针对物质的客体做实验。这样一来,应该作为几何学基础的实验能够建立在什么之上呢?答案是容易的。

我们在上面已经看到,我们在不断推理时,几何图形好像固体一样起作用。因此,几何学能够从经验中借用的东西也许是这些固体的性质。光的性质及其直线传播也导致了几何学的某些性质,尤其是射影几何学的性质,以至于从这种观点看来,人们会被诱使说,度量几何学是固体的研究,而射影几何学则是光的研究。

但是,困难依然存在,而且它是难以克服的。假如几何学是实验科学,它就不会是精密科学,它就应该是继续修正的学科。不仅如此,从此以后每天都会证明它有错误,因为我们知道,没有严格的刚体。

因此,几何学的公理既非先验综合判断,亦非实验事实。

它们是**约定**;我们在所有可能的约定中进行选择,要受实验事实的**指导**;但选择依然是**自由的**,只是受到避免一切矛盾的必要性的限制。因此,尽管决定公设取舍的实验定律仅仅是近似的,但公设能够依然**严格**为真。

换句话说,**几何学的公理**(我不谈算术的公理)**只不过是隐蔽的定义。**

于是,我们想到这样一个问题:欧几里得几何学为真吗?

这个问题毫无意义。

这好比问米制是否为真,旧制是否为假;笛卡儿坐标是否为真,极坐标是否为假。一种几何学不会比另一种几何学更真;它只能是**更为方便**而已。

欧几里得几何学现在是、将来依然是最方便的:

1°因为它是最简单的;它之所以如此,不仅仅由于我们的心理习惯,或者由于我不知道我们对于欧几里得空间具有什么直接的直觉;它本身是最简单的,恰如一次多项式比二次多项式简单;而球面三角的公式比平面三角的公式复杂,对于不了解这些公式的几何意义的分析家来说,情况似乎依然如此。

2°因为它充分地与天然固体的性质符合,这些固体是我们的手和我们的眼睛所能比较的,我们用它们制造我们的测量工具。

第四章　空间和几何学

让我们由一个小悖论开始。

假如存在着一种生物，具有像我们一样的心智，并且具有像我们一样的感官，但先前没有受过教育，它们能够从适当选择的外部世界中得到这样一些印象，致使它们可以构造不同于欧几里得的几何学，并能把外部世界的现象限制在非欧空间，甚或限制在四维空间。

至于我们，我们所受的教育是在我们的现实世界完成的，假使我们突然被运送到这个新世界上，我们会毫无困难地把该世界上的各种现象归诸于我们的欧几里得空间。反之，假使这些生物被运送到我们的环境中，它们可能会把我们的现象与非欧几里得空间联系起来。

情况不仅仅如此；我们只用很少气力同样能做到这一点。一个毕生专注于此的人，也许能够认清四维空间。

几何学空间与知觉空间。人们常说，外部客体的映像被局限在空间中，甚至还说，若无这一条件便不能形成映像。人们也说，这种空间因而是为我们的感觉和我们的表象准备好了的**框架**，它等价于几何学家的空间，它具有几何学家的空间的一切性质。

对于如此思考的所有健全的心智来说，前面的陈述必定是十分离奇的。不过,让我们看看,他们是否不受幻觉的影响,而幻觉经过比较深刻的分析是可以消除的。

首先,严格意义上所说的空间的性质是什么?我所指的空间是几何学的对象,我将称其为**几何学空间**。

下面是它的几个最基本的特征:

1°它是连续的;

2°它是无限的;

3°它有三维;

4°它是均匀的(homogeneous),也就是说,它的所有点都相互等价;

5°它是各向同性(isotrapic)的,也就是说,通过同一点的所有直线相互等价。

现在,把它与我们的表象和我们的感觉的框架——我可以称这个框架为知觉空间——比较一下。

视觉空间。首先考虑一个纯粹视觉的印象,它来自在视网膜末端形成的映像。

粗略的分析向我们表明,这个映像是连续的,但是只有二维;这已经有别于几何学空间,我们可以称其为**纯粹视觉空间**。

此外,这个映像被局限在一个有限的框架内。

最后,还有另一种并非不重要的差别:**这种纯粹视觉空间不是均匀的**。撇开可以在视网膜上形成的映像不谈,视网膜上的所有点并不起相同的作用。黄斑无论如何也不能认为与视网膜边缘的点等价。事实上,不仅同一客体在那里产生了更为逼真的印象,而且在每一个**有限的**框架内,占据框架中心的点永远也不会与接近视网膜边缘的点相同。

毋庸置疑,更为深刻的分析会向我们证明,视觉空间的这种连续性和它的二维只不过是一种幻觉;因此,它与几何学空间的差别还会更多,但是我们将不详述这个话题了。

不管怎样,视觉能使我们判断距离,从而能使我们察觉第三维。但是,每一个人都知道,为了清晰地察觉客体,这种对于第三维的察觉本身变为必须做出的调节尝试的感觉,以及必须给予双目的会聚的感觉。

这些感觉是肌肉感觉,它们完全不同于给我们以头两维概念的视觉。因此,第三维在我们看来似乎并没有起与其他两维相同的作用。所以,可以称为**完备视觉空间**的并不是各向同性空间。

的确,它恰恰有三维,这意味着,当我们的视觉元素(至少是结合起来形成广延概念的那些元素)中的三个已知时,它们则完全被确定;用数学的语言来说,它们将是三个独立变数的函数。

不过,让我们稍为比较仔细地审查一下这个问题吧。第三维以两种不同的方式向我们揭示出来:调节的努力和双眼的会聚。

无疑地,这两种指示总是一致的,在它们之间存在着恒定的关系,或者用数学术语来说,测量这两个肌肉感觉的两个变数在我们看来似乎不是独立的;或者,为了再次避免求助于已经精炼的数学概念,我们可以再次返回到前一章的语言,把同一事实阐述如下:如果两个会聚感觉 A 和 B 是不可区分的,则相应伴随它们的两个调节感觉 A' 和 B' 将同样是不可区分的。

但是,可以说,我们在这里有实验事实;没有什么先验的东西妨碍我们作相反的假定，如果出现相反的情况，如果这两个肌肉感觉相互完全独立，我们便不得不多计及一个独立变数，"完备视觉空间"对我们来说似乎是四维物理连续统。

我还要再说一句，我们在这里甚至有**外部**经验事实。没有什么东西妨碍我们假定有一种生物，它具有像我们那样的心智，拥有与我们相同的感官，它处在这样一个世界上，光只有在穿过复杂形式的反射介质后，才能到达它那里。有助于我们判断距离的两个指示不会再以恒定的关系相关联。在这样一个世界上受到它的感官训练的生物，无疑会把四维赋予完备视觉空间。

　　触觉空间和动觉空间。"触觉空间"比视觉空间更为复杂，而且离几何学空间更远。对于触觉，没有必要去重复我对于视觉所作的讨论。

不过，除了视觉和触觉材料外，还有其他感觉，这些感觉对于空间概念的产生同样有贡献，而且比视觉和触觉贡献更大。每一个人都知道这些；它们伴随着我们所有的动作，通常称之为肌肉感觉。

相应的框架就构成了所谓的**动觉空间**。

每一肌肉都会产生一种特殊的、能够增加或减少的感觉，以至于我们肌肉感觉的总和将取决于与我们具有的肌肉同样多的变数。从这种观点来看，**我们具有的肌肉有多少，动觉空间就有多少维**。

我知道人们会说，如果肌肉感觉有助于形成空间概念，那是因为我们感觉到每一动作的**方向**，它成为感觉的一个组成部分。如果情况如此，如果肌肉感觉在不伴随这种几何学的方向感觉就不能产生，那么几何学空间确实就是强加给我们感觉的一种形式。

但是，当我分析我的感觉时，我丝毫也没有觉察这一点。

我所看到的是相应于在同一方向动作的感觉，它们在我的心智中仅仅通过**观念联想**而结合。正是这种联想，我们称之为"方向感觉"，它是可以还原的。因此，这种感受不能在单一的感觉中找到。

这种联想极其复杂，因为根据四肢的位置，同一肌肉的收缩可以对应于十分不同的方向的运动。

而且，这种联想显然被得到了；像所有的观念联想一样，它也是**习惯**的结果；这种习惯本身是由许多**经验**引起的；毫无疑问，如果我们的感官训练是在不同的环境中完成的，在那里我们会受到各种不同印象的影响，那就必然产生相反的习惯，我们的肌肉感觉就可能会按照其他规律联想。

　　知觉空间的特征。由此可见，在视觉、触觉和动觉这三种形式之下的知觉空间本质上与几何学空间不同。

它既不是均匀的，也不是各向同性的；人们甚至不能说它有三维。

人们常说，我们把我们外部知觉的客体"投影"于几何学空间；我们把它们"局限"起来。

这有意义吗？若有，其意义又是什么？

这意味着我们在几何学空间**想象**外部客体吗？

我们的表象只是我们感觉的复制品；因此，它们只能和这些感觉排列在同一框架内,也就是说,排列在知觉空间内。

正如画家不能在平面画布上画出具有三维的客体一样,我们也不能在几何学空间中想象外部物体。

知觉空间仅仅是几何学空间的映像,映像由于一种透视而改变了形状,我们只能通过把对象纳入透视法则来想象它们。

因此,我们无法在几何学空间中**想象**外部物体,而我们可以就这些物体**推理**,犹如它们处在几何学空间中一样。

其次,当我们说我们把如此这般的客体"局限"在空间的如此这般的点,这意味着什么呢?

这仅仅意味着,我们想象为了达到那个客体所必要的动作;人们可能不这样说:为了想象这些动作,必须把动作本身投影在空间,从而空间概念必须预先存在。

当我说我们想象这些动作时,我只是意指我们想象伴随它们的肌肉感觉,这些肌肉感觉没有一点几何学的特征,从而根本不隐含空间概念预先存在的意思。

　

状态变化和位置变化。可是,有人会说,如果几何学空间的观念没有强加于我们的心智,另一方面,如果我们的感觉没有一个能够提供这个观念,那么它是怎样产生的呢?

这是我们现在必须考察的问题,这需要花费一些时间,不过我能够用几句话概述一下我就其所提出的尝试性说明。

我们的感觉若孤立起来,没有一个能够使我们产生空间观念;我们只有研究这些感觉相继据以发生的规律,才能被导向这个观念。

我们首先看到,我们的印象易于变化;但是在这些变化中,我们确定,我们马上就可以做出区分。

在一个时期我们说,产生这些印象的客体改变了状态,在另一个时期我们说,它们改变了位置,仅仅使它们发生位移。

不管一个对象改变它的状态,还只是改变它的位置,在我们看来,这总是以相同的方式解释的:**由于印象集合的改变**。

可是,我们怎样被引导去区别这二者呢?这是很容易阐明的。如果只有位置变化,我们就能够做出某些动作恢复初始的印象集合,这些动作使我们在对面把运动的客体置于同一**相对**位置。从而,我们**矫正**所发生的改变,我们通过相反的改变重建初始状态。

例如,如果是视觉的问题,如果客体在我们眼前改变它的位置,那么我们能够"用眼睛追踪它",通过眼球的适当动作,保持它的映像在视网膜的同一点。

这些动作之所以被我们意识到,因为它们是由主观意志所控制的,因为肌肉感觉伴随着它们,但是这并不意味着我们在几何学空间想象它们。

这样一来,表示位置变化特性的东西,把位置变化与状态变化区别开来的东西,就是位置变化能够用这种方法加以**矫正**。

因此,我们从印象总和 A 到印象总和 B,正好有两种不同的途径:

1° 不受主观意志控制而且不经受肌肉感觉;当它是改变位置的客体时,便发生这种情况;

2° 受主观意志控制而且伴随肌肉感觉;当客体不动而我们相对于客体做相对运动时,便发生这种情况。

果真如此,从印象总和 A 到印象总和 B 仅仅是位置变化。

由此可知,若不借助于"肌肉感觉",则视觉和触觉不能给我们以空间概念。

这个概念不仅不能从单一的感觉得到,甚或不能**从感觉系列**得到,而且,**不可动**的生物从来也不可能获得空间概念,因为它不能通过它的动作矫正外部客体位置变化的结果,从而没有理由把位置变化和状态变化区别开来。如果它的运动是不受意志控制的,或者没有任何感觉相伴随,它也不能获得空间概念。

补偿的条件。有一种补偿能使两个在其他方面相互独立的变化彼此矫正,像这样种类的补偿怎么是可能的?

已经熟悉几何学的心智会如下推理:显然,如果存在补偿,那么以外部客体的各部分为一方,以各种感觉器官为另一方,都必须在两种变化之后处于同一**相对**位置。为此,在这种情况下,外部客体的各部分同样必须相互之间保持同一相对位置,我们身体的各部分相互之间也必须如此。

换句话说,在第一种变化中,外部客体必须像刚体那样移动,在矫正第一种变化的第二种变化中,它也必须随着我们整个身体像刚体那样移动。

在这些条件下,补偿可以发生。

但是,由于我们还没有形成空间概念,迄今**我们对几何学还一无所知**,因此我们不能这样推理,我们不能先验地预见补偿是否可能。不过,经验告诉我们,补偿有时会发生,而且正是根据这一实验事实,我们才开始把状态变化与位置变化区别开来。

固体和几何学。在周围的客体中，存在着一些经常经受位移
的客体，这些位移同时易于受到我们自己身体的相关动作的矫正；
这些客体就是**固体**。其他形状可变的客体，仅仅例外地经受同样
的位移（位置变化而不是形状变化）。当一个物体改变其位置**和其
形状**时，我们不再能够用适当的动作使我们的感官**相对于**这个物
体返回到同一位置；从而，我们不再能够重建整个原始印象。

只是到后来，作为新经验的结果，我们才学会如何把可变形的
物体分解为较小的部分，致使每一部分几乎按照与固体相同的规
律移动。就这样，我们把"形变"与其他状态变化区别开来；在这些
形变中，每一部分仅仅经受了能够加以矫正的位置变化，但是它们
的集合所经受的改变却更为深刻，而且不易受相关动作的矫正。

这样的概念已经十分复杂，它必然在比较晚的时候才能出现；
而且，如果固体的观察未曾告诉我们区别位置变化，这个概念也不
能产生。

所以，假使在自然界没有固体，那么便不会有几何学。

另一种议论也值得注意一下。设一固体相继占据位置 α 和 β；
它在第一个位置，使我们感受到印象总和 A，在第二个位置，使我
们感受到印象总和 B。现在，设有第二个固体，它具有与第一个固
体完全不同的性质，例如颜色不同。设它从位置 α 移到位置 β，它
在 α 时使我们感受到印象总和 A'，在 β 时使我们感受到印象总
和 B'。

一般说来，总和 A 与总和 A' 毫无共同之处，总和 B 与总和 B'
亦然。因此，从总和 A 到总和 B，以及从总和 A' 到总和 B' 的转变，

一般而言是**本身**毫无共同之处的两种变化。

可是,我们认为这两种变化是位移,而且我们认为它们是**相同的**位移。情况怎么能够是这样呢?

这仅仅是因为,它们二者能够受到我们身体同一相关动作的矫正。

所以,"相关动作"构成了两个现象之间的**唯一关联**,否则,我们永远也不会梦想把它们联系起来。

另一方面,我们身体由于有许多关节和肌肉,因而可以做出各种不同的动作;但是,所有动作都不能"矫正"外部客体的变动;只有我们的整个身体,或者至少我们起作用的感官作为一个整体移动时,即它们的相对位置不变或以固体那样移动时,这样的动作才能矫正外部客体的变动。

让我们概括一下:

1°首先我们可以区分两种现象范畴:

一些是不受主观意志控制的、不伴随肌肉感觉的,我们把它们归诸于外部客体;这些是外部变化;

另一些在性质上恰恰相反,我们把它们归诸于我们自己身体的动作,这些是内部变化。

2°我们注意到,这些范畴每一个的某些变化可以受到另一范畴相关变化的矫正。

3°在外部变化中,我们区分出与另一范畴相关的变化;我们称这些变化为位移;同样,在内部变化中,我们区分出与第一个范畴相关的变化。

由于这种相关性,我们称之为位移的现象的特殊类别就被这样定义了。

这些现象的规律构成几何学的对象。

均匀性定律。在这些规律中,第一个就是均匀性定律。

设由于外部变化 α,我们从印象总和 A 到印象总和 B,接着这一变化 α 受到相关的、由主观意志控制的动作 β 的矫正,于是我们恢复到总和 A。

现在,设另一个外部变化 α' 使我们重新从总和 A 到总和 B。

经验告诉我们,这个变化 α' 像 α 一样,也易受相关的、由主观意志控制的动作 β' 的矫正,这个动作 β' 与矫正 α 的动作 β 相应于同样的肌肉感觉。

这个事实通常被说成是:**空间是均匀的和各向同性的。**

也可以说,一个动作一旦产生之后,它可以第二次、第三次地重复,如此等等,而它的特性却保持不变。

在第一章,我们讨论了数学推理的本性,我们看到必须赋予无限地重复同一操作的可能性以重要意义。

数学推理正是从这种重复中获得它的威力的;因此,正是由于均匀性定律,它才把支撑点放在几何学事实上。

为完备起见,除均匀性定律外,还应当添加许多其他类似的定律,我不愿讨论其中的细节,但是数学家用一句话把它们概括为下述说法:位移形成"**一个群**"。

非欧几里得世界。如果几何学空间是强加在我们**每一个**单独考虑的表象上的框架,那么就不可能拆除这个框架来想象映像,而且我们也丝毫不能改变我们的几何学。

然而,情况并非如此;几何学只不过是这些映像前后相继的规律的概要。于是,没有什么东西妨碍我们想象一系列表象,这些表象在各方面与我们通常的表象类似,但前后相继的规律不同于我们习惯的规律。

其次,我们能够设想在这些定律遭到倾覆的环境中接受教育的生物,它们必定具有与我们截然不同的几何学。

例如,假定有一个用大球面包围起来的世界,它服从下述定律:

温度不是均匀的;在中心温度最高,随着距中心距离的增大,温度成比例地减小,当接近包围这个世界的球面时,温度降至绝对零度。

让我再把这个温度变化的规律更精确地说明一下:设 R 是有限球面的半径;设 r 是所考虑的点到这个球面中心的距离。绝对温度将与 $R^2 - r^2$ 成比例。

我将进而假定,在这个世界上,一切物体都具有同一膨胀系数,从而任何量尺的长度都与它的绝对温度成比例。

最后,我将假定,一物体从一点转移到温度不同的另一点后,它能立即与新环境处于热平衡。

在这些假设中,丝毫没有什么是矛盾的或不可想象的。

于是,一个可动客体越接近有限球面,它会成比例地愈变愈小。

首先要注意,从我们通常的几何学的观点来看,尽管这个世界是有限的,但是对于这个世界的居民来说,它似乎是无限的。

　　事实上，当这些居民试图接近有限球面时，它们逐渐变冷，而且变得愈来愈小。因此，它们迈出的步子也愈来愈小，结果它们永远也不能到达有限球面。

　　对于我们来说，如果几何学只是研究刚体运动的规律的话，那么对这些假想的生物而言，几何学将研究我刚刚说过的**因温度差而变形**的固体的运动规律。

　　毫无疑问，在我们的世界上，由于或热或冷，天然固体同样经受形状和体积的变化。但是，在奠定几何学的基础时，我们忽略了这些变化，因为除了这些变化微乎其微外，它们也不规则，从而在我们看来似乎是偶然的。

　　在我们假设的世界上，情况不再是这样，这些变化遵循规则的、十分简单的定律。

　　而且，组成这个世界的居民的身体之各固体部分会经受同样的形状变化和体积变化。

　　我还要作另外的假设；我将假定，光通过各种折射媒质传播，而且折射率与 $R^2 - r^2$ 成反比。很容易看到，在这些条件下，光线不可能是直线的，而是圆形的。

　　为了证明前面所说的是正当的，在我看来依然是要表明，外部客体位置的某些变化能够被居住在这个想象世界上的有知觉生物的相关动作**矫正**，用这种方式来恢复这些有知觉生物体验过的原始印象的集合。

　　事实上，假定一客体被移动，同样经受了形变，它不像刚体，而像与上面假定的温度定律严格一致的固体那样经受了不相等的膨胀。为简洁起见，请容许我把这样的运动叫做**非欧几里得位移**。

假如一个有知觉的生物恰恰在附近，它的印象将被该客体的位移所改变，但是它能够通过以合适的方式运动而重建这些印象。只要最后该对象和被视为单一个体的有知觉的生物之集合经受了一种特殊位移就足够了，我刚才把这种位移叫做非欧几里得位移。倘若假定这些生物的四肢与它们居住的世界的其他物体按照同一规律膨胀，那么这就是可能的。

从我们通常的几何学的观点来看，尽管物体在这种位移中发生了形变，而且它们的各部分不再处于同一相对位置，不过我们将看到，有知觉的生物的印象再次变成相同的了。

事实上，虽然各部分的相互距离可以改变，但是原来接触的部分又处于接触。因此，触觉印象没有变化。

另一方面，考虑到上面关于光线的折射和曲率所作的假设，则视觉印象也依然相同。

因此，这些假想的生物像我们一样，可以把它们目睹的现象进行分类，也可以在这些现象中区分出易于通过相关的、由主观意志支配的动作而矫正"位置变化"。

假使它们构造几何学，将不会像我们那样研究刚体的运动；它们的几何学将研究它们将如此区分的位置变化，这种变化无非是"非欧几里得位移"；**它们的几何学将是非欧几何学**。

这样一来，像我们自己一样的生物，由于在这样一个世界受教育，它们不会有与我们相同的几何学。

四维世界。正如我们能够想象非欧几里得世界一样，我们也能够想象四维世界。

　　视觉——即使用一只眼睛——和与眼球运动有关的肌肉感觉一起,便足以告诉我们三维空间。

　　外部客体的映像描绘在作为二维画布的视网膜上;它们是**透视图**。

　　但是,因为眼睛和客体是可动的,所以我们依次看到从不同的视点得到的同一物体的各种透视图。

　　同时,我们发现,从一个透视图到另一个透视图的转换常常伴随着肌肉感觉。

　　如果从透视图 A 到透视图 B 的转换以及从透视图 A' 到透视图 B' 的转换,伴随着同样的肌肉感觉,我们把它们相互比拟为同一性质的操作。

　　其次,研究一下这些操作结合在一起的规律,我们认识到,它们形成一个群,这个群的结构与刚体运动的结构相同。

　　现在,我们看到,正是从这个群的特性,我们引出了几何学空间的概念和三维的概念。

　　这样一来,我们明白了三维空间的观念如何能够从这些透视图的展演中产生出来,尽管它们中的每一个仅仅是两维的,这是由于**它们按照某些规律相互跟随**。

　　好了,正如三维图形的透视图能够做在平面上一样,我们也能够把四维图形的透视图做在三维(或二维)的图画上。对于几何学家来说,这只不过是儿戏而已。

　　我们甚至能够从许多不同的视点对同一图形做出许多透视图。

　　我们能够想象这些透视图,由于它们只有三维。

试设想一下同一客体的各个透视图依次相继出现,从一个到另一个的转换伴随着肌肉感觉。

当这些转换中的两个与相同的肌肉感觉联系时,我们当然要把二者看做是两个相同性质的操作。

其次,没有什么东西妨碍我们设想,这些操作按照我们选择的任何定律结合,例如为了形成一个与四维刚体运动具有同一结构的群。

在这里,没有什么是不可图示的,但是,这些感觉恰恰是那些具有二维视网膜又能在四维空间里运动的生物所感受到的感觉。在这种意义上,我们可以说,第四维是可以想象的。

按这样的方式,不可能表示我们在前一章讲过的希尔伯特空间,因为这个空间已不是二维连续统。所以,它与我们平常的空间大相径庭。

结论。我们看到,在几何学的起源中,经验起着必不可少的作用;但是,如果由此得出几何学是——即使部分的是——实验科学的结论,那可就错了。

假如几何学是实验科学,那它只能是近似的和暂定的。多么粗糙的近似啊!

几何学只可能是研究固体的运动;但是实际上,它并不是用来从事天然固体的研究,它把某些绝对刚性的理想固体作为对象,这些理想固体只不过是天然固体的一种简化的和相差很远的图像。

这些理想固体的概念来自我们心智的所有构成要素,经验只不过是导致我们从这些构成要素中产生这一概念的诱因。

　　几何学的对象是研究特殊的"群"；不过，一般的群概念在我们的心智预先存在着，至少是潜在地存在着。它不是作为我们感性（sense）的形式，而是作为我们知性（understanding）的形式强加给我们。

　　在所有可能的群中，必须选择出的可以说只是**标准的**群，我们将把自然现象提交给它。

　　在这一选择中，经验指导我们，而没有把它强加给我们；经验没有告诉我们哪一个是最真实的几何学，而是告诉我们哪一个是**最方便的**几何学。

　　要注意，我**没有放弃使用通常几何学的语言**，也能描述上面设想的奇异的世界。

　　事实上，即使我们迁移到那个世界，我们也不必改变语言。

　　在那里受教育的生物无疑会发现，创造一种不同于我们的、更好地适应它们印象的几何学是比较方便的。至于我们，面对**同一**印象，可以肯定地说，我们会发现不改变我们的习惯是比较方便的。

第五章 经验和几何学

1. 在前文中,我已经花了大量时间力图证明,几何学原理不是实验的事实,尤其是欧几里得的公设不能用实验来证明。

不管已经给出的理由在我看来是多么具有决定性,我认为还应该强调这一点,因为在这里,虚假的观念在许多人的头脑中是根深蒂固的。

2. 如果我们用材料制作一个圆圈,测量它的半径和周长,并看到这两个长度之比等于 π,那么我们想做什么呢?我们想做我们用来制造这个**圆形东西**的物质的特性的实验,以及用来制造量尺的物质的特性的实验。

3. 几何学和天文学。问题也可以以另一种方式提出。如果罗巴契夫斯基几何学是真实的,那么十分遥远的恒星的视差将是有限的;如果黎曼几何学是真实的,视差将是负。这些似乎是在实验所及的范围内的结果,可以期望,天文观察能使我们在三种几何学之间做出抉择。

但是,在天文学中,直线只是意味着光线的路径。

因此,如果发现了负视差,或者证明了一切视差都大于某一极限,那么两条道路向我们敞开着;我们既可以放弃欧几里得几何学,也可以修正光学定律,假定光严格说来不是以直线传播的。

不用多说,所有的世界都会认为后一种解决办法比较有利。

因此,欧几里得几何学一点也不害怕新颖的实验。

4. 某些现象在欧几里得空间是可能的,而在非欧几里得空间则不可能,以致经验在确立这些现象时便与非欧几里得假设直接矛盾,这种见解站得住脚吗? 就我的本分而言,我没有思索这样一个能够被提出的问题。按照我的意见,它正好等价于下述问题,其荒谬程度在所有的人看来都是一目了然的:存在着用米和厘米可以表示的长度,但却不能用英寻、英尺和英寸来测量,以致当经验弄清这些长度存在时,它却直接与英寻标度为六英尺的假设相矛盾吗?

比较仔细地考察一下这个问题吧。我假定,直线在欧几里得空间具有任何两种特性,我将称其为 A 和 B;在非欧几里得空间,它还具有特性 A,但不再具有特性 B;最后,我假定,在欧几里得空间和非欧几里得空间中,直线只是具有特性 A 的线。

果真如此,经验就能够在欧几里得的假设和罗巴契夫斯基的假设之间做出裁决了。结果查明,能用实验检验的一个确定的具体的客体——例如一束光线——具有特性 A;我们便可以断定,它是直线,接着我们再研究它是否具有特性 B。

然而,**情况并非如此**;没有一种特性像特性 A 那样,能够作为一种绝对标准使我们辨认直线以及区分直线和其他每一种线。

例如,我们是否可以说:"这样的特性如下:直线是这样一种线,即就是使包含该线的图形能够运动,而该图形各点的相互距离不变,从而这个线上的所有点依然是固定的?"

事实上,这就是在欧几里得空间或非欧几里得空间中属于直线、且唯一属于直线的特性。但是,我们怎样用实验来弄清它是否属于这个或那个具体对象呢？这就必须测量距离,可是人们怎么会知道,我用材料做成的仪器所测量的任何具体大小实际上表示的是抽象的距离呢？

我们只不过是把困难向后推了一下而已。

其实,我刚才说过的特性不仅仅是直线的特性,它是直线和距离二者的特性。为了把它作为绝对标准,我们不仅必须能够确立,除直线和距离之外,它不属于任何线,而且还必须能够确立,它不属于直线之外的线以及不属于距离之外的数量。不过,这是不正确的。

因此,不可能设想一种能够在欧几里得体系加以诠释、而在罗巴契夫斯基体系不能加以诠释的具体实验,于是我可以得出结论:

经验在任何时候都不会与欧几里得公设矛盾;另一方面,任何经验永远也不会与罗巴契夫斯基公设矛盾。

5. 但是,欧几里得(或非欧几里得)几何学永远不能直接与实验矛盾,这还是不够的。它能够与经验一致,只是因为违背了充足理由律和空间相对性原理,这种状况不可能发生吗？

我愿自我说明一下:考虑任何一个物质系统;一方面,我必须注意这个系统各物体的"状态"(例如,它们的温度,它们的电势等等),另一方面,必须注意它们在空间的位置;而且,在能使我们规定这个位置的数据中,我们将把规定这些物体相对位置的相互距离与规定该系统绝对位置和它在空间的绝对取向的条件区别开来。

在这个系统中将要发生的现象的规律取决于这些物体的状态和它们的相互距离;但是,因为空间的相对性和无源性,它们将不依赖该系统的绝对位置和取向。

　　换句话说,物体在任何时刻的状态和它们的相互距离仅取决于这些同样的物体在初始时刻的状态和它们的相互距离,但是完全不依赖该系统的绝对初始位置和绝对初始取向。简而言之,这就是我所命名的**相对性定律**。

　　迄今,我是作为一个欧几里得几何学家讲话。正如我已经说过的,无论什么经验,都容许按照欧几里得假设进行诠释;但是,它同样容许按照非欧几里得假设进行诠释。好了,我们做了一系列实验;我们根据欧几里得假设诠释它们,而且我们认出,这些如此诠释的实验没有违背这个"相对性定律"。

　　我们现在根据非欧几里得假设诠释它们:这总是可能的;在这个新诠释中,只有不同物体的非欧几里得距离一般将不同于原来诠释中的欧几里得距离。

　　以这种新方式诠释的实验还会与我们的"相对性定律"一致吗?如果不存在这种一致,我们也没有权利说经验证明了非欧几里得几何学的谬误吗?

　　很容易看到,这是杞人忧天;事实上,为了十分严格地使用相对性定律,必须把它应用到整个宇宙。这是因为,如果仅仅考虑这个宇宙的一部分,如果这部分的绝对位置恰恰改变了,那么它与宇宙其他物体的距离同样也会改变,因而这些物体对所考虑的宇宙部分的影响便会增大或减小,这就要修正在那里发生的现象的定律。

　　可是,假如我们的系统是整个宇宙,那么经验便不能给出它在空间的绝对位置和取向的信息。不管我们的仪器多么完善,它们能够告诉我们的一切将是宇宙各部分的状态和它们的相互距离。

于是,我们的相对性定律可以阐述如下:

在任何时刻,我们根据我们的仪器能够得到的读数,将仅仅依赖于我们根据同一仪器在初始时刻能够得到的读数。

现在,这样一种阐述与实验事实的每一种诠释无关。如果定律在欧几里得诠释中为真,那么它在非欧几里得诠释中亦为真。

请容许我在这里插一点话。我在上面已说过规定系统各个物体的位置的数据;我同样要说规定它们的速度的数据;我接着必须把各个物体相互距离变化的速度区别开来;另一方面,必须区别系统的平动速度和转动速度,也就是它的绝对位置和取向变化的速度。

为了使心智十分满意,相对性定律可以这样表达:

物体在任何时刻的状态和它们的相互距离,以及这些距离在同一时刻变化的速度,将仅仅取决于这些物体在初始时刻的状态和它们的相互距离以及这些距离在初始时刻变化的速度,但是它们既不依赖于系统的绝对初始速度,也不依赖于它的绝对取向,还不依赖于绝对位置和取向在初始时刻变化的速度。

不幸的是,这样阐述的定律与实验不符,至少是在这些实验按通常那样诠释时。

设把一个人运送到总是阴霾密布的行星上,以致他永远也看不到其他恒星;他生活在这个行星上,仿佛行星在空间中是孤立的一样。不过,这个人既可以通过测量行星的扁率(通常借助于天文观察来完成,但也能够借助于纯粹的大地测量方法),也可以重做傅科(Foucault)摆实验,从而可以意识到行星转动。因此,这个行星的绝对转动便变得很明显。

这是一个使哲学家震惊的事实,但是物理学家却不得不接受它。

我们知道,牛顿从这一事实中推断出绝对空间的存在;我自己完全不能采纳这一观点。我将在第三编开始研讨其中的缘由。我暂且不打算说明这个难题。

因此,在阐述相对性定律时,我们必须听任把规定物体状态数据中的各种速度包括在内。

无论如何,这个困难对于欧几里得几何学与对于罗巴契夫斯基几何学也许都是一样的;因此,我不需要为此而烦恼,我只是顺便提到它。

重要的是这个结论:实验不能在欧几里得几何学和罗巴契夫斯基几何学之间做出裁决。

总而言之,无论我们从哪一方面进行考察,都不可能在几何学经验主义中发现合理的意义。

6. 实验只不过告诉我们物体相互之间的关系;至于物体与空间的关系,或者空间各部分的相互关系,没有一个实验影响或能够影响。

"是的,"你回答说:"单一的实验是不够的,因为它只能给我一个带有许多未知数的方程,可是当我作了足够的实验后,我就有了足以计算所有未知数的方程。"

知道船的主桅的高度还不足以计算船长的年龄。当你测量了船上每一块木头,你就会得到许多方程,可是你还不能更清楚地了解他的年龄。你所测量的一切仅仅与木块有关,它们只能向你揭示与这些木块有关的东西。正是这样,你的实验无论多么多,它们只是影响到物体相互之间的关系,而丝毫也不能向我们揭示空间各部分的相互关系。

7. 你又要说,如果实验与物体有关,那么它们至少与物体的几何学特性有关吗? 可是,首先一个问题是,你是如何理解物体的几何学特性呢? 我假定它就是物体与空间的关系问题;因此,这些特性是只涉及到物体相互之间关系的实验所无法达到的。仅仅这一点就足以表明,不可能存在这些特性的问题。

还是让我们从理解物体的几何学特性这个词语的意义开始吧。当我说一个物体由若干部分组成时,我假定我在其中没有陈述几何学特性,即使我同意把我认为最小的部分不恰当地称之为点,这依然是对的。

当我说,某一物体的某一部分与另一物体的某一部分接触时,我阐述了关于这两个物体相互关系的命题,而没有阐述它们与空间关系的命题。

我假定你将承认我的观点,即这一切并不是几何学特性;我至少确信,你将承认我所说的,即这些特性与度量几何学的全部知识无关。

预先假定了这一点后,我设想我们有一个固体,它是由共同连接在一个端点 O 上的八根细铁棒 OA,OB,OC,OD,OE,OF,OG,OH 构成的。此外,设我们有第二个物体,例如一块用三个小墨点标记的木块,我称其为 α,β,γ。我进一步假定,已弄清 $\alpha\beta\gamma$ 可以与 AGO 接触(我意指 α 与 A,β 与 G,γ 与 O 同时接触),然后我可以相继使 $\alpha\beta\gamma$ 与 BGO,CGO,DGO,EGO,FGO,接触,其次与 AHO,BHO,CHO,DHO,EHO,FHO 接触,接着使 $\alpha\gamma$ 与 AB,BC,CD,

DE,EF,FA 相继接触。

这些是我们在预先没有任何空间形式或空间度量特性概念的情况下就可以做出的决定。它们决不涉及"物体的几何学特性"。如果物体用与罗巴契夫斯基群相同结构的群（我意指按照与罗巴契夫斯基几何学中的固体相同的定律）的运动做实验，那么这些决定将是不可能的。因此，它们足以证明，这些物体按照欧几里得群运动，或者至少物体不按照罗巴契夫斯基群运动。

显而易见，这些决定与欧几里得群一致。这是因为，这些决定能够在下述条件下做出：如果物体 $\alpha\beta\gamma$ 是我们通常几何学的呈现为直角三角形形式的刚体，如果点 $ABCDEFGH$ 是多面体的顶点，而多面体又是由我们通常几何学的两个正六棱锥形成的，且具有公共底面 $ABCDEF$，其一顶点为 G，另一顶点为 H。

现在假定，在代替前面的决定时可以注意到，如上所述的 $\alpha\beta\gamma$ 能够依次用于 $AGO,BGO,CGO,DGO,EGO,AHO,BHO,CHO,$ DHO,EHO,FHO，然后 $\alpha\beta$（而不再是 $\alpha\gamma$）能够依次用于 $AB,BC,$ CD,DE,EF 和 FA。

如果非欧几何学是真实的，如果物体 $\alpha\beta\gamma$ 和 $OABCDEFGH$ 是刚体，如果第一个物体是直角三角形而第二个物体是适当维数的对顶正六棱锥，那么这些就是可以做出的决定。

因此，如果物体按照欧几里得群运动，那么这些新决定是不可能的；但是，如果假定物体按照罗巴契夫斯基群运动，那么它们就变得可能了。因此（如果人们做出了它们），它们就足以证明，上述物体不能按照欧几里得群运动。

就这样，即使不就空间的形式、空间的本性、物体和空间的关系做任何假设,即使不赋予物体以任何几何学特性,我也获得了观察资料,能够使我证明,在一种情况下物体用其结构是欧几里得群的运动,在另一种情况下物体用其结构是罗巴契夫斯基群的运动。

而且,人们不能说,决定的第一个集合构成了证明空间是欧几里得空间的实验,决定的第二个集合构成了证明空间是非欧几里得空间的实验。

事实上,人们能够想象(我说想象),如此运动的物体使第二组决定成为可能的。其证据在于,第一流的技工,只要他愿意卖力花钱,就能制造这样的物体。可是,你不要由此得出结论,说空间是非欧几里得空间。

不仅如此,虽然技工制造出我刚才所说的奇怪的物体,但是因为普通物体继续存在,所以有必要得出结论说,空间同时是欧几里得空间和非欧几里得空间。

例如,假定我们有一个半径为 R 的大球面,温度从这个球的中心到球表面按照我在描述非欧几里得世界时所讲过的规律减小。

我们可以有这样的物体,其膨胀可以忽略不计,其行为像通常的刚体一样;另一方面,我们也可以有膨胀率很大的物体,其行为像非欧几里得固体。我们可以有两个对顶棱锥 $OABCDEFGH$ 和 $O'A'B'C'D'E'F'G'H'$ 以及两个三角形 $\alpha\beta\gamma$ 和 $\alpha'\beta'\gamma'$。第一个对顶棱锥是直线的,而第二个是曲线的;三角形 $\alpha\beta\gamma$ 是用不会膨胀的物质做成的,而另一个则是用极易膨胀的物质做成的。

于是,用对顶棱锥 OAH 和三角形 $\alpha\beta\gamma$ 就可以获得第一批观察资料,用对顶棱锥 $O'A'H'$ 和三角形 $\alpha'\beta'\gamma'$ 就可以获得第二批观察资料。这样一来,实验似乎先证明欧几里得几何学为真,接着又证明它为假。

因此,实验与空间无关,而与物体有关。

补　遗

8. 为使内容完备起见,我应当谈一个十分棘手的问题,这也许需要太长的篇幅;在这里,我只想概括地介绍一下我在《形而上学和道德评论》和《一元论》杂志中详述过的东西。当我说,空间有三维,我们意味着什么呢?

我们已经看到我们的肌肉感觉向我们揭示的那些"内部变化"的重要性。它们可以用来表征我们身体的各种**姿势**的特征。任取这些姿势中的一个 A 作为起点,当我们从这个初始姿势到任何一个其他的姿势 B 时,我们感觉到一个肌肉感觉系列,这个系列 S 将确定 B。不管怎样,让我们注意一下,我们常常会把两个系列 S 和 S' 视为确定了同一姿势 B(由于初始姿势 A 和最终姿势 B 依然相同,中间姿势和相关感觉可以不同)。可是,我们将如何辨认这两个系列等价呢? 因为它们可以用来补偿同一外部变化,或者更一般地说,因为当这是一个补偿外部变化的问题时,一个系列能够被另一个代替。在这些系列中,我们区分出仅有它们自己就能够补偿外部变化的系列,我们称其为"位移"。因为我们不能在两个十分接近的位移之间做出区分,所以这些位移的总和就呈现出物理连续统的特征;经验告诉我们,它们是六维物理连续统的特征;但是,我们还不知道空间本身有多少维,我们首先必须解决另一个问题。

空间的点是什么？每一个人都认为他了解这个问题，可是那是幻觉。当我们试图想象空间的点时，我们看到的只是白纸上的黑点、黑板上的白斑，这总是一个东西。因此，该问题应当如下理解：

当我说，客体 B 处于客体 A 刚才所占据的同一点时，我意指什么呢？或者更进一步，是什么标准将使我领悟这一点呢？

我意味着，**虽然我没有移动**（这是我的肌肉感觉告诉我的），可是我的第一个手指刚才接触了客体 A，现在却接触着客体 B。我可以用其他标准；例如另一个手指或视觉。但是，第一个标准是充分的；我知道，如果它回答是，那么所有其他标准将给出同一回答。我是**通过经验**知道它的，我不能**先验地**知道它。由于同一理由，我说触觉不能超距地进行；这是阐述同一实验事实的另一种方式。相反地，若我说视觉可以超距地起作用，则其意指当其他标准回答否时，视觉提供的标准可以回答是。

事实上，客体虽然离开了，可是它可以在视网膜的同一点形成它的映像。视觉回答是，因为客体依然停留在同一点，触觉回答否，是因为我刚才接触客体的手指现在不再接触它了。如果经验向我们表明，当另一个手指说否时，一个手指可以回答是，那么我们同样应该说，触觉超距地起作用。

简而言之，对于我的身体的每一个姿势，我的第一个手指确定一点，正是此而且唯有此，才规定了空间的一点。

这样一来，一个点对应于各自的姿势；但是，常常也出现这种情况，同一点却有若干不同的姿势相对应（在这种情况下，我们说我们的手指没有移动，但身体的其余部分却运动了）。因此，我们在姿势变化中区分出手指没有在那里移动的姿势变化。我们是怎样被引导到这儿的？是因为我们常常注意到，在这些变化中，与手指接触的客体依然与手指接触着。

因此，借助于我们这样区分的变化之一，让我们把所有能够从每一个其他姿势得到的所有姿势归入同一类。空间的同一点将对应于该类的所有资料。所以，一点将对应于各自的类，而一类将对应于各自的点。可是，人们可以说，经验达到的不是点，而是这个变化类，或者更恰当地讲，是肌肉感觉的对应类。

而且，当我们说空间有三维，我们仅仅意味着，这些类的总和在我们看来似乎具有三维物理连续统的特征。

人们可能被诱导得出结论说，正是经验告诉我们空间有多少维。但是，实际上，在这里我们的经验也与空间无关，而与我们的身体以及我们的身体和邻近的客体的关系有关。而且，我们的经验是极其粗糙的。

在我们的心智中，预先存在着一定数目的群的潜在观念——李已经提出了群论。我们将选择哪一个群，以便用它作为一种比较自然现象的标准呢？而且，这个群选定之后，我们将采用它的哪一个子群来表征空间点的特征呢？经验通过向我们表明哪一种选择本身最适合于我们身体的特性来指导我们。但是，它的作用仅限于此。

祖传的经验

常常有人说，如果个人的经验不能够创造几何学，那么对于祖传的经验而言情况则不然。但是,这意味着什么呢? 这意味着我们不能用实验证明欧几里得公设,而我们的祖先却能做到这一点吗? 一点也不。这意味着,通过自然选择,我们的心智本身**适应了**外部世界的条件,它采用了对于人种来说**最有利的**几何学,或者换句话说,**最方便的**几何学。这与我们的结论完全相符;几何学不是真实的,它是有利的。

第 三 编

第六章　经典力学

英国人把力学当做实验科学来讲授；在大陆，力学总是或多或少地被作为演绎的和先验的科学来讲述。不言而喻，英国人是正确的；可是，其他方法为何能够坚持得如此长久呢？为什么大陆学者企图摆脱他们的前辈的惯例，可是总是不能完全获得自由呢？

另一方面，假使力学原理只是起源于实验，那么它们因此只不过是近似的和暂定的吗？在某一天不会有新实验导致我们修正甚或抛弃它们吗？

这是很自然地强加在它们之上的疑问，解答的困难主要出自下述事实：有关力学的专著没有明确区分什么是实验、什么是数学推理、什么是约定、什么是假设。

这并非问题的全部：

1°没有绝对空间，我们能够设想的只是相对运动；可是通常阐明力学事实时，仿佛绝对空间存在一样，而把力学事实归诸于绝对空间。

2°没有绝对时间；说两个持续时间相等是一种独自毫无意义的主张，只有通过约定才能获得意义。

3°不仅我们对两个持续时间相等没有直接的直觉，而且我们甚至对发生在不同地点的两个事件的同时性也没有直接的直觉：

我在"时间的测量"[①]一文中已说明了这一点。

4°最后,我们的欧几里得几何学本身只不过是一种语言的约定;力学事实是可以根据非欧几里得空间阐述的,非欧几里得空间虽说是一种不怎么方便的向导,但它却像我们通常的空间一样合理;阐述因而变得相当复杂,但是它依然是可能的。

于是,绝对空间、绝对时间、几何学本身并不是强加在力学上的条件;就像法语在逻辑上并不先于人们用法语表述的真理一样,所有这一切东西也不先于力学。

我们可能试图用与所有这些约定无关的语言来阐述力学的基本定律;于是,我们无疑会更清楚这些定律本身是什么;这是昂德拉德(Andrade)先生在他的《力学物理学教程》中试图去做的东西,至少是部分地试图去做的东西。

这些定律的阐述当然变得相当复杂,因为正是为了节略和简化这一阐述,人们才特意发明了这一切约定。

至于我,除了涉及绝对空间外,我将把这一切困难置之脑后;并不是我没有意识到它们,绝非如此;要知道,我在本书的头两编已充分地考察了它们。

因此,我将暂且承认绝对空间和欧几里得几何学。

惯性原理。 不受力作用的物体只能做匀速直线运动。

这是先验地强加在心智上的真理吗? 假若如此,希腊人为何

---

① 《形而上学和道德评论》,第Ⅵ卷,第 1—13 页,1898 年 1 月。(*Revue de métaphysique et de Morale*,t.Ⅵ.,pp.1—13,January,1898.)

没有认出它呢？他们怎么会相信，当产生运动的原因中止，运动也就停止呢？或者，他们怎么会相信，每一物体若无阻碍，将做最高贵的圆周运动呢？

如果人们说，物体的速度不能改变，只要没有使它改变的理由，那么人们难道不能同样地坚持这个物体的位置不能改变或它的轨道曲率不能改变，只要没有外部原因参与变更它们吗？

惯性原理不是先验的真理，它因而是实验事实吗？但是，任何人在任何时候实验过不受每一个力作用的物体吗？即使如此，又如何知道这些物体不受力的作用呢？通常引用的例子是球能在大理石板上滚动很长时间；可是，我们为什么说它没有受到力的作用呢？这是因为它远离所有其他物体，从而经受不到来自它们的可感觉的作用吗？可是，如果把它无约束地抛到空中，它也没有远离地球；每一个人都知道，在这种情况下，它经受了归因于地球引力的重力的影响。

力学教师通常很快地讲完球的例子；但他们附加说，惯性原理间接地被它的结果证实（verification）了。他们没有正确地表示它们；他们显然意味着，证实比较普遍的原理的各种推论是可能的，惯性原理只不过是其中的一个特例而已。

对于这个普遍原理，我将提出下述阐述：

物体的加速度仅取决于这个物体和邻近物体的位置以及它们的速度。

数学家会说，宇宙中一切物质分子的运动都取决于二阶微分方程。

这实验上是惯性定律的自然推广，为了使之更加清楚，我要请求你容许我作一点虚构。正如我上面说过的，惯性定律并非先验地强加于我们；其他定律同样可以完全与充足理由律相容。假如物体不受力的作用，那么与其假定它的速度不变，倒不如假定它的位置不变，要不然就假定它的加速度不变。

好了，让我们暂时设想，这两个假设的定律之一是自然定律，它代替了我们的惯性定律。什么可以是它的自然概括呢？稍加思索就会使我们明白。

在第一种情况下，我们必须假定，物体的速度仅仅取决于它的位置和邻近物体的位置；在第二种情况下，我们必须假定，物体加速度的变化仅仅取决于这个物体的位置和邻近物体的位置，以及它们的速度和加速度。

或者，用数学语言来说，运动微分方程在第一种情况下是一阶的，而在第二种情况下是三阶的。

让我们稍微修改一下我们的虚构。设有一个类似于我们太阳系的世界，但是由于奇怪的机遇，在那里所有行星的轨道没有离心率和倾角。进而假定这些行星的质量太小，以致它们的相互摄动难以觉察到。居住在这些行星之一上的天文学家不能不得出结论说，恒星的轨道只能是圆的，且平行于某一平面；于是，恒星在给定时刻的位置便足以确定它的速度和它的整个路程。他们可能采纳的惯性定律也许是我已经提到的两个假设的定律中的第一个。

现在，设想在某一天来自遥远星座的一个大质量天体以高速通过这个系统。所有的轨道都被大大地扰乱了。我们的天文学家还不会十分惊讶；他们会十分明确地推测，这个新星乃是唯一受到责备的祸首。他们也许说："不过，当新星远离之后，秩序将自然地得以重建；无疑地，行星到太阳的距离将不会回复到它们在灾变前的状态，但是当扰乱的星球远离时，轨道将再次变成圆的。"

也许只有当扰乱的天体远离之后，当轨道不再变为圆形，而变成椭圆形时，这些天文学家才会逐渐意识到他们的错误和改造整个力学的必要性。

我已经详细地讲述了这些假设，因为在我看来，人们似乎只有把被概括的惯性定律与相反的假设相对照，才能清楚地理解该定律实际上是什么。

好了，现在这个被概括的惯性定律用实验证实了吗，或者它能够被证实吗？当牛顿写《原理》一书时，他完全以为这个真理是通过实验获得的和证明的真理。在他看来之所以如此，不仅是由于我将要进一步谈及的拟人说的影响，而且也受到伽利略（Galileo）工作的影响。甚至从开普勒（Kepler）定律本身起就是这样了；事实上，按照这些定律，行星的路线完全由它的初始位置和初始速度决定；这恰恰是我们概括的惯性定律所要求的东西。

由于这个原理只是表面上是真实的，由于人们有理由担心在某一天它被我刚才与之对照的类似的一个原理代替，我们必定会被某种令人惊异的机遇引入歧途，就像在上面提出的虚构中，我们设想的天文学家导致出错误一样。

这样的假设太靠不住了，不值得在此停留下去。没有一个人相信这样的巧合能够发生；毫无疑问，两个离心率的概率正好在观察误差范围内是零，例如，它与在观察误差范围内一个概率恰恰等于0.1，另一个概率恰恰等于0.2简直是一样的。一个简单事件的概率并不小于一个复杂事件的概率；可是，如果头一个发生了，我们不会同意把它归因于机遇；我们不会相信，自然界故意欺骗我们。由于抛弃了这类错误的假设，因而可以承认，就天文学而言，我们的定律被实验证实了。

然而，天文学不是物理学的全部。

我们不会害怕在某一天新实验将要在物理学的某些领域内否证该定律吗？实验定律总是要受到修正的；人们总是期望看到用更为精确的定律代替它。

可是，没有一个人认真地认为我们正在谈论的定律将永远被抛弃或被修正。为什么？恰恰是因为它永远不能受到决定性的检验。

首先，为了这个试验是完备的，必须在某一时间之后，宇宙中的所有天体应该回复到它们的初始位置以及初始速度。接着，就可以看到，从这一时刻开始，它们是否返回到它们的原始路线。

但是，这种检验是不可能的，它只能部分地使用，而且不管做得多么好，将总是有一些天体不能回复到它们的初始位置；从而，对于该定律的每一次背离都容易找到它的说明。

这并非一切；我们在天文学中**看到**我们研究其运动的天体，我们通常假定它们不受其他不可见天体的作用。在这些条件下，我们的定律的确或者必须被证实，或者不必被证实。

不过，在物理学中情况并不一样；如果物理现象都是由于运动，那就是我们看不见的分子的运动。其次，在我们看来，如果我们看得见的物体之一的加速度，除了依赖于其他可见的物体或者我们预先可以承认其存在的不可见的分子的位置或速度外，似乎还依赖于**另外的东西**，那么就没有什么妨碍我们假定，这种**另外的**

东西就是我们以前未曾怀疑其存在的其他分子的位置或速度。该定律本身将依然得到保护。

　　请容许我使用数学语言以另一种形式描述一下同一思想。假定我们观察 n 个分子，并查明它们的 $3n$ 个坐标满足 $3n$ 个四阶（不像惯性定律所要求的二阶）微分方程组。我们知道，通过引入 $3n$ 个辅助变量，$3n$ 个四阶方程组能够被简化为 $6n$ 个二阶方程组。其次，如果我们假定这 $3n$ 个辅助变量代表 n 个不可见分子的坐标，那么结果就重新与惯性定律一致。

　　总而言之，这个在某些特殊个例下用实验证实的定律，可以毫不犹豫地推广到最普遍的个例中去，因为我们知道，在这些普遍的个例中，实验既不能够进一步证实它，也不能够反驳它。

　　加速度定律。一个物体的加速度等于作用在它上面的力除以它的质量。这个定律能够用实验证实吗？为此，就必须测量在这个阐述中要计算的三个量：加速度、力和质量。

　　我假定能够测量加速度，因为我把在时间测量中产生的困难抛开了。可是，怎样测量力或质量呢？我甚至不知道它们是什么。

　　什么是**质量**呢？按照牛顿的观点，质量是体积与密度之积。按照汤姆孙（Thomson）和泰特（Tait）的观点，最好说密度是质量除以体积之商。什么是**力**呢？拉格朗日（Lagrange）回答说，力是使物体运动或企图使物体运动的东西。基尔霍夫（Kirchhoff）则说，力是质量与**加速度**之积。但是，为什么不说质量是力除以加速度之商呢？

　　这些困难是无法解决的。

　　当我们说力是运动的原因时,我们是在谈论形而上学,人们若满足这个定义,肯定毫无成果。要使一个定义有任何用处,它必须告诉我们如何**测量力**;而且,这就足够了;它根本没有必要告诉我们力**本质上**是什么,或者它是运动的原因还是运动的结果。

　　因此,我们必须首先定义两力之相等。我们什么时候才可以说两力相等呢?我们被告知,只有当它们施于相同的质量,使之产生相同的加速度时,或者当它们彼此直接相反从而出现平衡时。这个定义只不过是赝品而已。我们不能使施加到一个物体上的力脱离而使它依附于另一个物体,犹如不能使机车脱钩而把它挂到另一节车厢上一样。因此,我们不可能知道,施加于一个物体的力,**如果**把它施加给另一个物体,那么它会使另一个物体产生多大的加速度。我们也不可能知道,**如果**两个力曾经是直接相反的,当它们现在不直接相反时,它们会怎样作用。

　　可以说,当我们用测力计测量力时,或者使力与一个重物平衡时,我们正是企图使这个定义具体化。为简单起见,我将假定两个竖直向上的力 F 和 F' 分别施加在两个物体 C 和 C' 上;我把同一个重物 P 先挂在物体 C 上,然后挂到物体 C' 上;如果在两种情况下出现了平衡,我将得出结论说,两力 F 和 F' 彼此相等,因为它们每一个都等于物体 P 的重量。

　　但是,我能够确信当我把物体 P 从第一个物体移到第二个物体时,物体 P 保持同一重量吗?远非如此;**我确信情况截然相反**;我知道,重力的强度从一点到另一点是变化的,例如,它在两极比在赤道为强。无疑地,差别是极其微小的,实际上我们可以不考虑它;但是,适当构造的定义应该具有数学严格性;这种严格性却不足。我就重力所说的话显然适用于测力计的弹性力,温度和许多境况都可以使弹性力变化。

问题并未就此而已;我们不能说物体 P 的重量可以施于物体 C 且直接与力 F 平衡。施加于物体 C 的,是物体 P 加于物体 C 上的作用 A;一方面,物体 P 部分地受到它的重力的作用;另一方面,受到物体 C 施加在 P 上的反作用 R。结果,力 F 等于力 A,因为 F 与 A 平衡;根据作用与反作用相等原理,力 A 等于 R;最后,力 R 等于 P 的重量,因为 R 与 P 平衡。正是从这三个相等中,我们从而推论出 F 与 P 的重量相等。

因此,在定义两个力相等时,我们不得不引入作用与反作用相等原理;**由于这个原因,这个原理必须不再被认为是实验定律,而是一个定义。**

在这里为辨认两个力相等,我们于是具有两个法则:相互平衡的两力相等;作用力与反作用力相等。但是,正如我们在上面看到的,这两个法则是不充分的;我们不得不求助于第三个法则,并且假定某些力,例如物体的重量,在大小和方向上均为常数。但是,正如我已说过的,第三个法则是实验定律;它仅仅是近似真实的;**它是一个拙劣的定义。**

因此,我们被迫回到基尔霍夫的定义**力等于质量乘以加速度。**这个"牛顿定律"本身不能认为是实验定律,它现在仅仅是定义而已。但是,这个定义也不充分,因为我们不知道质量是什么。它无疑能使我们计算在不同时刻施加在同一物体上的两个力的关系;但它无法告诉我们施加在两个不同物体上的两个力的关系。

为了完善这个定义,必须重新返回到牛顿第三定律(作用与反作用相等），再次认为它不是实验定律，而是一个定义。两个物体 A 和 B 相互作用；A 的加速度乘以 A 的质量等于 B 施加于 A 上的作用力；用同样的方式，B 的加速度与其质量之积等于 A 施加于 B 的反作用力。按照定义，因为作用力等于反作用力，所以 A 和 B 的质量与它们的加速度成反比。在这里，我们定义了这两个质量之比，而且证实这个比率是常数的正是实验。

　　假使只有物体 A 和 B 在场，它们不受世界上其余物体的作用，那么这个定义便是十分完好的。可是情况根本不是这样；A 的加速度不仅仅是由于 B 的作用，而且也是由于其他物体 C，D，……的作用。为了运用前面的法则，因此必须把 A 的加速度分解为许多分量，并辨认这些分量中的哪一个是由于 B 的作用。

　　如果我们**假定** C 施加于 A 的作用力简单地加在 B 施加于 A 的作用力上，而且改变 B 施加于 A 的作用的物体 C 并不存在，或者改变 C 施加于 A 的作用力的物体 B 并不存在，那么这种分解还是可能的；因此，如果我们假定任何两个物体相互吸引，它们的相互作用沿着它们的连线，而且仅取决于它们相隔的距离；一句话，如果我们假定**有心力假设**，那么这种分解也是可能的。

　　你知道，为了决定天体的质量，我们利用完全不同的原理。万有引力定律教导我们，两个物体的引力与它们的质量成正比；若 r 是它们之间的距离，m 和 m' 是它们的质量，k 是常数，是它们的引力将是 kmm'/r^2。

　　于是，我们正在测量的不是作为力与加速度之比的质量，而是引力质量；它不是物体的惯性，而是它的引力。

　　这是间接程序，这个程序的使用在理论上并不是必不可少的。

很可能,引力与距离的平方成反比,而不与质量的乘积成正比,它等于 f/r^2 ,而不是我们所具有的 $f = kmm'$ 。

假若如此,我们通过观察天体的**相对**运动,仍然可以测量这些天体的质量。

可是,我们有权利承认有心力假设吗?这个假设严格正确吗?能肯定它永远不会与实验矛盾吗?谁敢肯定这一点呢?如果我们必须抛弃这个假设,那么如此辛苦建造起来的整个大厦就要崩溃了。

我们不再有权利说 A 的加速度的分量是由于 B 的作用。我们无法把它与由于 C 或另外的物体的作用所产生的加速度区别开来。测量质量的法则变得不能应用了。

作用与反作用相等原理还留下什么东西呢?如果舍弃了有心力假设,这个原理显然应该如下阐述:施加于与所有外部作用隔离的系统中的各物体上的几何合力将为零。或者,换句话说,**这个系统重心的运动将是匀速直线运动**。

我们似乎有办法定义质量;重心的位置显然取决于质量所具有的值;有必要以这样的方式安排这些值,使重心的运动可以是匀速直线运动;如果牛顿第三定律是真实的,这将总是可能的,一般说来,这只有在一种方式下才可能。

但是,不存在与所有外部作用隔离的系统;宇宙的各个部分都或多或少地受到所有其他部分的作用。**重心运动定律只有应用于整个宇宙时才是严格真实的**。

但是,为了由此得到质量的值,有必要观察宇宙重心的运动。这个结果的荒谬是显而易见的;我们只知道相对运动;宇宙重心的运动对我们来说依然是永远不可知的。

因此,什么东西也没有留下来,我们的努力毫无成果;我们被迫退到下述定义,这只不过是一个无能为力的声明:**质量是为计算方便而引入的系数**。

我们能够通过把不同的值赋予所有质量而重建全部力学。这种新力学既不会与经验相矛盾,也不会与动力学的普遍原理(惯性原理、力与质量和加速度成正比、作用和反作用相等以及重心的匀速直线运动、面积原理)相矛盾。

只是这种新力学的方程**不怎么简单**。让我们清楚地理解一下:不怎么简单的只可能是头些项,这就是经验已经使我们知道的那些项;人们也许可以稍微改变一下质量,而不使**完全**方程在简单性方面有所得或有所失。

赫兹(Hertz)曾经提出了一个问题:力学原理是否是严格真实的。他说:"在许多物理学家看来,最间接的经验在任何时候都可以改变牢不可破的力学原理中的一切,这是不可思议的;可是,从经验中得来的东西总可以由经验矫正。"由于我们刚才所说的,这些担心似乎是毫无根据的。

对我们来说,动力学原理乍看起来好像是实验的真理;但是,我们不得不把它们作为定义来使用。正是按照**定义**,力等于质量与加速度之积;于是,这里就有一个今后不受任何进一步的实验影响的原理。同样根据定义,作用等于反作用。

但是,有人会说,这些不可检验的原理完全没有任何意义;实验不能反驳它们;然而,它不能告诉我们任何有用的东西;这样一来,研究动力学有什么用处呢?

这种轻率的定罪未免太不公平了。在自然界中没有任何**完全**孤立的、完全摆脱一切外部作用的系统；可是，有**几乎**孤立的系统吗？

如果这样一个系统被观察到了，人们不仅可以研究它的各部分相对于另外部分的相对运动，而且也可以研究它的重心相对于宇宙其他部分的运动。我们接着查明，这个重心的运动是匀速直线运动，这与牛顿第三定律一致。

这是实验的真理，但实验不能使它失效；事实上，比较精确的实验能告诉我们什么呢？它会告诉我们，定律只不过是差不多真实的；可是，我们早已知道了这一事实。

现在我们能够理解，经验为何能作为力学原理的基础，可是从来也不能与它们矛盾。

拟人的力学。有人会说："基尔霍夫只是遵循倾向于唯名论的数学家的一般趋势行动；作为一个能干的物理学家，也不能使他避免这一点。他想定义力，为此他采用了呈现在眼前的第一个命题；但是我们不需要力的定义：力的观念是原始的、不可还原的、不能定义的；我们都知道它是什么，我们对它有一种直接的直觉。这种直接的直觉来自费力的概念，我们自幼就熟悉这一概念了。"

但是，首要的是，即使这种直接的直觉使我们了解到力本身的真正本性，可它作为力学的基础还是不够的；况且，它也许是完全无用的。重要的是，不在于了解力是什么，而是了解如何测量力。

对于力学家来说，凡是不能告诉我们测量力的都是无用的，例如，这就像热和冷的主观概念对于研究热的物理学家来说无用一样。这种主观概念不能翻译为数，因而它毫无用处；一个科学家的皮肤是热的绝对不良导体，因而他永远不会感到冷，也不会感到热，可是他能够像任何其他人那样读温度计，这就足以使他构造整个热理论。

现在，对我们来说，这种直接的费力概念不能用来测量力；例如，很清楚，我提 50 公斤重物就会感到比惯于负重的人劳累。

可是，还有比这更多的东西：这种费力的概念没有告诉我们力的真正本性；它本身最终归结为肌肉感觉的记忆，而且人们无法坚持，当太阳吸引地球时，太阳感受到肌肉感觉。

在那里能够探寻的一切只是一种符号，它并不比几何学家所使用的箭号精确和方便，可是正因为这样它才远离实在。

在力学的诞生中，拟人说起了显著的历史作用；也许它有时还将提供一种符号，这对某些心智来说似乎是方便的；不过，它不能作为真正科学的或哲学的特征的基础。

"线学派"。昂德拉德先生在他的《力学物理学教程》中使拟人的力学恢复了生机。为了与基尔霍夫所属的力学学派相对抗，他奇怪地自称线学派。

这个学派企图把一切都还原为"忽略质量的某些物质系统来考虑，设想该系统处于张力状态，能够把相当大的力量传给遥远的物体，这些系统的理想形式是线。"

传递任何力的线在这个力的作用下稍稍伸长；线的方向告诉我们力的方向，其大小由线的伸长来测量。

于是，人们可以想象这样一个实验。物体 A 系到线上；在线的另一端施加任何一种力,改变力的大小直到线伸长 α;记下物体 A 的加速度;分开 A,把物体 B 系到同一条线上;重新施加同一力或另外的力,改变力的大小直到线再次伸长 α;记下物体 B 的加速度。然后,用 A 和 B 重新开始实验,但是使线伸长 β。四个观察到的加速度应当成比例。这样一来,我们就对上面所阐述的加速度定律进行了实验证实。

或者,最好使一个物体受到具有相等张力的几个等价线的同时作用,并用实验寻找使物体处于平衡的所有这些线的方向。这样一来,我们就对力的合成法则进行了实验证实。

可是,我们到底做了什么呢?我们定义了这条线经受形变时所受到的力,这是有足够的理由的;我们进而假定,如果把一个物体系到这条线上,那么通过线传递给它的力量等于物体施加在这条线上的作用力;毕竟,我们因之使用了作用与反作用相等原理,可是并没有认为它是实验的真理,而认为它正是力的定义。

这个定义恰如基尔霍夫的定义一样,是约定的,但远非是普遍的。

并非所有的力都是通过线传递的(况且,为了能够比较这些力,它们都必须通过等价的线传递)。即使可以承认地球是用某种不可见的线系到太阳上,那么至少应该同意,我们没有办法测量它的伸长。

因此,我们的定义十有九是错误的;我们不能赋予它以任何意义,于是必须回到基尔霍夫的定义。

那么,为什么要费这个周折呢?你同意,力的某个定义只有在某些特殊个例中才有意义。在这些个例中,你用实验证实,它导致了加速度定律。依据这个实验的力量，你于是把加速度定律作为在所有其他个例中的力的定义。

把加速度定律作为所有个例中的定义，认为上述实验不是这个定律的证实，而是反作用原理的证实，或者是证明了弹性体的形变仅取决于它所受到的力，这不是会更简单一些吗？

你的定义能被接受的条件永远不会完全满足，线永远不会没有质量，线除受到系在它的末端的物体的反作用之外永远不会免受其他力的作用，这都没有考虑在内。

不过，昂德拉德的观念是十分有趣的；即使这些观念不能满足我们的逻辑渴望，但它们却能使我们更好地理解力学基本观念的历史起源。它们提出的见解向我们表明，人类心智本身如何从朴素的拟人说上升到当今的科学概念。

我们在开始时看到一种很特殊的、总之是相当粗糙的实验；在结束时，我们看到极普遍、极精确的定律，我们认为它的可靠性是绝对的。可以说，由于认为它是约定，我们自己才自愿地把这种确定性给予它。

那么，加速度定律、力的合成法则仅仅是任意的约定吗？是的，是约定；要说是任意的，那就不对了；它们能够是约定，即使我们没有看到导致科学创造者采纳它们的实验，尽管它们可能是不完善的，但也足以为它们辩护。我们最好时时留心回想这些约定的实验根源。

第七章　相对运动和绝对运动

相对运动原理。人们有时力图把加速度定律与更为普遍的原理联系起来。任何系统的运动必须服从同样的定律，不管它是相对于固定轴而言，还是相对于做匀速直线运动的可动轴而言。这就是相对运动原理，它由于两条理由迫使我们接受：第一，最一般的经验证实它；第二，相反的假设与心智格格不入。

于是，让我们接受它吧，并考虑一个受力的物体；相对于以等于这个物体的初始速度匀速运动的观察者，该物体的相对运动必须等同于它从静止开始的绝对运动。由此我们得出结论，它的加速度不能依赖于它的绝对速度；人们甚至企图从此推导加速度定律的证明。

在理学学士学位的条例中，长期以来已有这一证明的痕迹。显然，这种企图是无效的。妨碍我们证明加速度定律的障碍在于，我们没有力的定义；这个障碍作为一个整体依旧存在，由于我们乞灵的原理没有向我们提供所缺少的定义。

相对运动原理依然是极为有趣的，它本身值得为研究而研究。首先，让我们试图用精确的方式阐述它。

我们在上面已经说过，形成孤立系统一部分的不同物体的加速度只取决于它们的相对速度和位置，而不取决于它们的绝对速度和位置,只要相对运动所参照的可动轴做匀速直线运动。或者,如果我们乐意的话也可以说,它们的加速度只取决于它们的速度差和坐标差,而不取决于这些速度和坐标的绝对值。

如果这个原理对相对加速度为真,或者更确切地讲对加速度之差为真,那么把它与反作用定律结合起来,我们将会由此导出,它对绝对加速度亦为真。

其次,留下要看的是,我们怎么可以证明加速度之差仅取决于速度差和坐标差,或者用数学语言来讲,这些坐标差满足二阶微分方程。

这种证明能够从实验或先验的思考中演绎出来吗?

回想一下我们上面说过的话,读者自己便能够做出回答。

事实上,这样阐述的相对运动原理与我们上面所谓的广义惯性原理非常类似;但它完全不是一回事,因为它是一个坐标差问题,而不是坐标本身的问题。因此,与旧原理相比,新原理告诉我们更多的东西,不过同一讨论还是适用的,并且会得出同一结论;没有必要赘述了。

牛顿的论据。在这里,我们碰到了一个十分重要的、甚至使人感到有些困惑的问题。我说过,相对运动原理在我们看来不仅仅是实验的结果,而且每一个相反的先验假设都会与心智格格不入。

可是,为什么只有当可动轴做匀速直线运动时,该原理才为真呢?如果这个运动是变化的,或者无论如何它变为匀速转动,这个原理似乎应当以同样的力量强加于我们。现在,在这两个个例中,该原理并不为真。关于轴的运动是直线的而非匀速的个例,我不想多说;这个悖论经不起短暂的审查。倘若我站在车上,倘若列车碰到任何障碍物突然停下来,尽管我没有直接受到任何力的作用,我还是要相对于座位被抛到我的前方。这没有什么秘密;即使我没有经受外力的作用,可是列车本身却受到外部的冲击。当两物体中的一个或另一个的运动由于外部原因而发生变化时,在二者的相对运动中不会有什么悖谬之处。

我愿再打量一下相对于匀速转动轴做相对运动的例子。假如天空总是阴云密布,假如我们无法观察星星,我们仍能得出地球转动的结论;我们可以从地球的扁平度,或者重做傅科摆实验了解这一点。

可是,在这个个例中,说地球转动会有任何意义吗? 如果没有绝对空间,人们能够不绕着其他东西旋转吗? 另一方面,我们怎么可以承认牛顿的结论而相信绝对空间呢?

但是,这并不足以断言,所有可能的解答对于我们来说同样是令人反感的;为了使我们明智地选择,我们必须分析在每一种情况下我们反感的理由。因此,请原谅我在下面作一较长的讨论吧。

让我们继续我们的虚构吧:阴云遮蔽着星球,使我们无法观察它们,甚至不知道它们的存在;这些人怎样知道地球转动呢?

无疑地,他们甚至将会比我们的祖先更坚定地认为,养育他们的大地是固定的和不动的;他们会更长久地等待哥白尼(Copernicus)的出现。但是,哥白尼最终会来到的——他是怎样来到的呢?

在这个世界学力学的学生起初不会面临绝对的矛盾。在相对运动理论中,除了真实力外,还会遇到两个虚设力,它们被称为普通离心力和复合离心力。因此,我们设想的科学家可以把这两个力视为真实的，以此解释一切，他们不会在其中发现广义惯性原理的任何矛盾，因为这些力其一像真实的引力一样，依赖于系统各部分的相对位置，另一种像真实的摩擦力一样，依赖于它们的相对速度。

可是，许多困难不久便会唤起他们的注意；假如他们成功地实现了孤立系统，那么这个系统的重心几乎不会有直线路程。为了说明这一事实，他们会求助于离心力，也许认为这个力是真实的，并无疑把它归咎于物体的相互作用。只是他们不可能看到，在大距离时，即就是说随着孤立程度实现得越好，这些力就变为零；绝不是这样；离心力随着距离变大而无限地增加。

这个困难对于他们来说似乎已经够大的了；可是，困难不会使他们长期停滞不前；他们会很快地设想出类似于我们的以太的十分微妙的媒质，所有物体都沉浸在这种媒质中，媒质会对它们施加排斥作用。

可是，这并非一切。空间是对称的，但运动定律却不会显示出任何对称性；它们应该有左右之分。例如，旋风总是向一个向指（sense）旋转，由于对称的缘故，这些旋风应该无偏向地左旋或右旋。即使我们的科学家通过他们的努力成功地使他们的宇宙变得完全对称，这种对称性也不会继续下去，尽管没有什么明显的理由表明，对称性应在一个向指上受到扰乱，而不应在另一个向指受到扰乱。

他们无疑会摆脱困难，他们会发明出与托勒密（Ptolemy）玻璃球一样平常的东西，如此继续下去，情况愈益复杂，直到长期盼望的哥白尼说，假定地球转动更简单一些，复杂情况才被一扫而光。

正如哥白尼向我们说过的：假定地球转动比较方便，因为这样一来天文学定律可以用更为简单的语言来描述；这位哥白尼也会说：假定地球转动比较方便，因为这样一来力学定律可以用更为简单的语言来描述。

这并不妨碍我们坚持，绝对空间即地球上的人类为了解地球实际上是否运动必须参照的标志，并没有客观存在性。因此，"地球转动"这个断言毫无意义，因为它无法用实验证实；因为这样的实验不仅无法实现或不能被最大胆的朱尔·凡尔纳（Jules Verne）*梦想到，而且也无法想象它没有矛盾；或者确切地讲，"地球转动"和"假定地球转动比较方便"这两个命题具有相同的意义；一个命题并不比另一个命题包含更多的意思。

也许人们不会满意这一点，他们将发现，在所有假设中，确切地讲，在我们就这个主题所能够做出的一切约定中，其中之一比其他的都方便，这已经是令人震惊的了。

但是，如果当它是天文学问题时，人们可以毫无困难地承认它，那么在涉及力学的问题时，它为什么会令人震惊呢？

我们看到，物体的坐标是由二阶微分方程决定的，这些坐标之差也是这样决定的。这就是我们所谓的广义惯性原理和相对运动原理。如果这些物体的距离同样由二阶微分方程来决定，那么心智似乎完全应该被满足。在什么程度上心智才能得到这种满足

---

* 凡尔纳（1828～1905）是法国作家，现代科幻小说的重要奠基人，作品有 66 部小说和若干剧本。主要科幻小说有《格兰特船长的女儿》、《地心游记》、《海底两万里》和《神秘岛》等。——译者注

呢,为什么心智不满意它呢?

为了阐明这一点,我们最好举一个简单的例子。我假定一个类似于我们太阳系的系统,但是人们无法觉察到这个系统之外的固定恒星,以至于天文学家只能观察到行星和太阳的相互距离,而不能观察到行星的绝对经度。如果我们直接从牛顿定律推导出规定这些距离的变差的微分方程,那么这些方程将不是二阶的。我的意思是,除牛顿定律外,如果人们知道这些距离的初始值和它们对于时间的导数的初始值,那还不足以决定这些相同的距离在后继时刻的值。还缺少一个数据,例如,这个数据也许是天文学家所谓的面积常数。

不过,在这里可以采取两种不同的观点;我们可以区分两类常数。在物理学家的眼中,世界划归为一系列现象,一方面,这些现象只依赖于初始现象;另一方面,依赖于把推论和前提结合起来的定律。于是,如果观察资料告诉我们某量是常数,我们将在两个概念之间做出抉择。

或者我们将假定,存在着一个要求这个量不变的定律,可是在很长一段时间之初,它碰巧不是另一个值,而是这个值,并且这个值不得不自那时起保持下来。于是,这个量被称之为**偶然**常数。

或者我们反过来将假定,存在着一个自然定律,它把这样一个值、而不是另外一个值给予这个量。

于是,我们便可以称其为**本质**常数。

例如,按照牛顿定律,地球的公转周期必须是常数。可是,如果它是 366 个恒星日多一点,而不是 300 或 400 个恒星日,那么这就是我不知道初始机遇是什么的结果。这是一个偶然常数。相反地,如果在引力表示式中所标出的距离指数等于－2而不等于－3,那么这并不是出于偶然,而是因为牛顿定律要求它如此。这是本质常数。

我不知道这种赋予偶然以它的作用的方式本身是否合法,也不知道这种区分是否在某程度上是人为的;但至少可以肯定,只要自然界含有秘密,那么这种区分在应用中将是极为任意的,并且总是根据不足的。

至于面积常数,我们习惯于把它看做是偶然的。可以肯定我们设想的天文学家会同样做吗?假如他们把两个不同的太阳系加以比较,那么他们便会想到,这个常数可以具有许多不同的值;不过在开始时,我恰好已假定,他们的系统看来好像是孤立的,他们可能观察不到这个系统之外的恒星。在这些条件下,他们只能看到一个唯一的常数,它具有唯一的、绝对不变的值;毫无疑问,他们会被诱使认为,它是本质常数。

为了防止一种异议,顺便再说一点:这个想象世界的居民既不能像我们那样观察、也不能像我们那样确定面积常数,因为他们无法测量绝对经度;这并不排除他们会很快地注意到某一常数,他们自然地把它引进他们的方程中,它无非是我们所谓的面积常数。

但是,我们看到,又会发生什么。如果认为面积常数是本质常数——因为它取决于自然定律——那么要计算行星在任何时刻的距离,只要知道这些距离的初始值和它们的导数的初始值就足够了。从这种新观点出发,用二阶微分方程就可以决定这些距离。

可是,这些天文学家的心智会完全满意吗?我不相信会如此;首先,他们可能立即察觉,在微分他们的方程并因而提高方程的阶时,这些方程变得更简单了。尤其给他们以深刻印象的是来自对称性的困难。于是必须假定,不同的定律依赖于行星集合所描绘的某一多面体或对称多面体的图形,只有把面积常数视为偶然常数,人们才能避免这个结果。

我举了一个十分特殊的例子,因为我假定天文学家根本没有考虑地上的力学,他们的视野局限于太阳系。我们的宇宙比他们的宇宙广大,因为我们有恒星,但是我们的宇宙还是有限的,因此我们可以对我们的整个宇宙进行推理,就像天文学家就他们的太阳系进行推理一样。

于是我们看到,我们最后能够得出结论,确定距离的方程是超过二阶的。为什么我们会为此而震惊呢,为什么我们发现它对于依赖这些距离一阶导数的初始值的一系列现象是十分自然的,而我们却不敢大胆承认它们依赖二阶导数的初始值呢?这只能是因为通过经常研究广义惯性原理及其结果在我们身上所造成的思想习惯。

在任何时刻的距离之值依赖于距离的初始值,依赖于它们的一阶导数值,也依赖于其他东西。这种**其他东西**是什么呢?

如果我们不承认这仅仅可能是二阶导数之一,那我们就只有选择假设了。或者如我们通常所做的那样,可以假定这种其他东西是宇宙在空间的绝对取向,或者可以假定这个取向变化得很迅速;这种假定可能是正确的;它肯定是几何学最方便的解;它不是哲学家最满意的,因为这种取向不存在。

或者可以假定,这种其他东西是某种不可见的物体的位置或速度;有些人已经这样做了,他们甚至把它叫做 a 体,尽管除了它的名称之外，我们注定对这种物体永远一无所知。这是一种技巧，它完全类似于我在专心思考惯性原理的那一段末尾所说的技巧。

但是。困难毕竟是人为的。倘若我们仪器的未来的指示只能够取决于以前已经给予我们的指示或可能给予我们的指示，那么这就是所需要的一切。现在，就此而论，我们可以高枕无忧了。

第八章 能量和热力学

能量学。经典力学所固有的困难导致某些心智提出一种新体系，他们称其为**能量学**。

能量学是作为能量守恒原理发现的结果而出现的。亥姆霍兹（Helmholtz）给它以最终形式。

能量学是通过定义在这个理论中起基本作用的两个量而开始的。它们是**动能**或**活力**以及**势能**。

自然界中的物体所能经历的一切变化遵从两条实验定律：

1° 动能和势能之和是常数。这是能量守恒原理。

2° 如果一个物体系在时间 t_0 处于 A，在时间 t_1 处于 B，那么它总是以这样的方式从第一种境况达到第二种境况，即在把这两个时间 t_0 和 t_1 分开的时间间隔内，两种能之差的**平均**值要尽可能地小。

这是哈密顿（Hamilton）原理，它是最小作用原理的形式之一。

与经典理论相比较，能量学理论具有下述优点：

1° 它比较完备；也就是说，哈密顿原理和能量守恒原理告诉我们的东西比经典理论的基本原理为多，而且它排除了某些在自然界中无法实现的可以和经典理论相容的运动。

2° 它使我们省去了原子假设，对于经典理论来说，这个假设几乎是不可避免的。

但是,它本身却引起了新的困难。

能量的两种定义可以引起一些困难,这些困难几乎像在第一个体系中的力和质量的定义所产生的困难那样大。不过,可以比较容易地克服它们,至少在最简单的个例中是这样。

设有一个由一定数目的质点形成的孤立系统;设这些质点受到只依赖于它们的相对位置和相互距离、而不依赖于它们的速度的力的作用。根据能量守恒原理,力函数必须存在。

在这个简单的个例中,能量守恒原理的阐述极其简单。实验可达到的某一量必须保持常数。这个量是两项之和;第一项只依赖于质点的位置,而不依赖于它们的速度;第二项与这些速度的平方成比例。这种分解只能以单一的方式进行。

我把第一项称为 U,它是势能;我把第二项称为 T,它是动能。

的确,若 $T+U$ 是常数,则 $T+U$ 的任何函数

$$\phi(T+U)$$

也是这样。但是,这个函数将不是这样两项之和:一项不依赖于速度,另一项与这些速度的平方成比例。在这些保持为常数的函数中,只存在一种享有这个特性的函数,即 $T+U$(或 $T+U$ 的线性函数,这归根结底是一回事,因为这个线性函数总可以通过单位和原点变化而简化为 $T+U$)。于是,这就是我们所谓的能量;我们将称第一项为势能,第二项为动能。因此,能量的这两种定义能够贯彻到底,没有任何模棱两可之处。

这与质量的定义相同。动能或活力可以十分简单地用所有质点的质量和相对于它们之一的相对速度来描述。这些相对速度是观察可以达到的,当我们知道作为这些相对速度函数的动能表示

式时,那么这个表示式的系数将给我们以质量。

因此,在这种简单的个例中,可以毫无困难地定义基本观念。但是,在比较复杂的个例中,困难就出现了,例如,若力不是仅仅依赖于距离,而且也依赖于速度,则情况就是如此。比如,韦伯(Weber)设想两个电分子的相互作用不仅依赖于它们的距离,而且也依赖于它们的速度和加速度。如果质点按照类似的规律相互吸引,那么 U 便依赖于速度,而且必须包含与速度平方成比例的项。

在这些与速度平方成比例的项中,如何区分来自 T 的项和来自 U 的项呢? 从而如何区分能量的两部分呢?

还有,如何定义能量本身呢? 当表征 $T+U$ 特点的性质,即其为一特殊形式的两项之和的性质消失时,我们不再有任何理由把 $T+U$ 作为定义、而不把 $T+U$ 的任何其他函数作为定义。

但是,这并非问题的全部;我们不仅必须考虑在严格意义上所谓的机械能,而且必须考虑其他形式的能:热、化学能、电能等等。能量守恒原理应该写成:

$$T+U+Q = 常数,$$

在这里,T 表示可觉察的动能,U 表示只取决于物体位置的位置势能,Q 表示在热形式、化学形式或电形式下的分子内能。

如果这三项是完全清楚的,如果 T 与速度的平方成比例,U 与这些速度和物体的状态无关,Q 与速度和物体的位置无关而仅仅与它们的内部状态有关,那么一切都会顺利地进行。

能量的表示式只能以唯一的方式分解为这一形式的三项。

但是,情况并不是这样;考虑一下带电体;归因于带电体的相互作用的静电能显然将取决于它们的电荷,也就是说,取决于它们的状态;可是,静电能同样也依赖于它们的位置。如果这些物体处于运动之中,那么从电动力学的角度来看它们将相互作用,电动力学能将不仅与它们的状态和位置有关,而且与它们的速度有关。

因此,我们没有任何办法把应该构成 T、U 和 Q 的部分的项分开,也没有任何办法把能的三部分分开。

若 $(T+U+Q)$ 是常数,则任何函数 $\phi(T+U+Q)$ 也是常数。

如果 $T+U+Q$ 是我上面所考虑的特殊形式,结果便不会有模棱两可之处;在依然是常数的函数 $\phi(T+U+Q)$ 中,只可能有一种函数具有这种特殊形式,我愿称其为能量。

但是,正如我已经说过的,严格讲来情况并非如此;在依然是常数的函数中,没有一个函数能够严格地放在这种特殊形式之下;因此,怎样在它们中间选择可以称之为能量的函数呢? 我们没有任何办法指导我们做出抉择。

对我们来说,能量守恒原理只剩下一种阐述:**存在着依然是常数的某种东西**。在这种形式下,它本身也超出了实验所及的范围,划归为一种同义反复。很清楚,如果世界受规律支配,那么将存在依然是常数的量。像牛顿定律一样,由于类似的理由,实验不再能够使建立在实验基础之上的能量守恒原理失效。

这一讨论表明,在从经典体系到能量学体系的过渡中,人们获得了进步;可是,与此同时,这一讨论也表明,这种进步是不充分的。

另一种反对意见在我看来似乎更为严重:最小作用原理能应用于可逆现象;但是,当涉及到不可逆现象时,它根本不满足;亥姆霍兹企图把它推广到这类现象,但没有取得成功,而且他也不可能取得成功;在这方面,一切事情还有待去做。最小作用原理的陈述本身也与心智有些不相容。不受力的作用而要求在一面上运动的物质分子在从一点到另一点时,将取道短程线,也就是说,取道最短的路径。

这个分子似乎知道它必须被引到那一点,并且似乎预见到它沿这样一条路线到达该点所需要的时间,然后选择最适宜的路径。在我们看来,这种陈述可以说把分子描述成一种活生生的和自由的生物。显然,最好用一个不怎么使人讨厌的阐述来代替它。在那里,正如哲学家可能说的,目的因似乎不会代替动力因。

热力学。[①] 在自然哲学的各个分支中,热力学两个基本原理的作用日益变得重要了。在放弃 40 年前用分子假设阐明的雄心勃勃的理论时,我们今天正在力图把整个数学物理学大厦仅仅建立在热力学之上。迈尔(Mayer)和克劳修斯(Clausius)的两个原理能保证其基础牢固得足以持续一段时间吗? 无人怀疑这一点;但是,这种确信从何而来呢?

某一天,一位著名的物理学家向我谈到误差律时中肯地说过:"全体世人之所以坚定地相信它,是因为数学家设想它是观察事实,而观察家则设想它是数学定理。"就能量守恒原理而言,长期以来就是如此。它今天不再是这样了;没有一个人不知道这是实验事实。

然而,我们有什么权利认为该原理比用来证明它的实验更普

---

① 下文是我的著作《热力学》(*Thermdynamipue*)序言中的一部分。

遍、更精确呢？这也就是询问，正如人们每天所做的那样概括经验材料是否合法，在如此之多的哲学家为解决它而枉费心机之后，我不想冒昧地讨论这个问题。有一件事情是确定的：假如我们不具备这种能力，科学便不会存在，或者至少变成一种存货清单，变成孤立事实的断言，这样科学对于我们来说就会毫无价值，由于它不可能满足我们对秩序与和谐的渴望，同时也由于它不能作出预见。因为在任何事实之先的境况大概从来也不会同时复现，所以第一次概括已经是必要的，以便预见在这些境况有一点点变化之后，这个事实是否将再次产生。

但是，每一个命题都可以用无限的方式概括。在所有可能的概括中，我们必须选择，我们只能选择最简单的。因此，我们被诱使如此行动，仿佛简单定律——其他事情都相同——比复杂定律更概然（probable）一样。

半个世纪之前，人们坦白地表明了这一信仰，并且宣布自然界喜欢简单性；从此以后，自然界十分经常地指责我们说谎。今天，我们不再承认这种意向，我们仅保留必不可少的那么多的意向，以使科学不致变得不可能。

因此，在相对少量的、表现出某些偏差的实验的基础上形成普遍的、简单的和精确的定律时，我们只不过是服从了一种需要，人的心智不能使自己摆脱这种需要。

可是，还有更多的东西，这就是我为什么要详细讲述该论点的原因。

没有人怀疑从一切特殊定律得到的迈尔原理注定比这些定律的寿命要长，正如牛顿定律比它从中产生的开普勒定律寿命要长一样，如果考虑到摄动，开普勒定律仅仅是近似的。

为什么这个原理在所有的物理学定律中占据着如此优越的地位呢？就此而言有许多琐碎理由。

首先人们认为，在不承认永恒运动可能性的情况下，我们不能排斥它，甚或不能怀疑它的绝对严格性；当然，我们对这样的前景保持着警惕，我们自己认为肯定迈尔原理比否定迈尔原理要稳妥一些。

给人以深刻印象的迈尔原理的简单性同样有助于增强我们的信仰。在直接从实验推演的定律中，例如在马略特（Mariotte）定律中，简单性在我们看来似乎反倒成为怀疑的理由。但是，在这里情况不再如此；我们发现，乍看起来毫无联系的元素，它们本身以出乎意外的顺序排列起来，形成一个和谐的整体；我们绝不相信，未曾预见的和谐只是偶然性的结果。这就好像我们花费的力气越大，我们赢得的胜利也就越发可贵，或者说自然界愈是小心翼翼地向我们隐藏她的秘密，我们愈加确信从她那里能夺取真正的秘密。

然而，这些不过是微不足道的理由；为了把迈尔定律作为一个绝对的原理确立起来，必须进行比较深入的讨论。但是，如果人们试图这样做，那么他们就会发现，这个绝对的原理甚至不容易陈述。

在每一个特例中都可以清楚地看到能量是什么，至少能够给它一个暂定性的定义；但是，要为它找到一个普遍的定义，则是不可能的。

如果我们力图把这个原理加以十分普遍地阐述，并把它应用到宇宙，那么我们就会看到它化为乌有，也可以说，除了**存在着某**

种依然是常数的东西之外,它什么也没有留下。

但是,连这句话也有什么意义吗? 按照决定论的假设,宇宙的状态是由数目极大的 n 个参数决定的,我们将称其为 $x_1, x_2, \cdots x_n$。只要已知这 n 个参数在任一时刻的值,那么同样也就知道了它们对于时间的导数,从而能够计算出这些参数在此之前或之后的时刻的值。换句话说,这 n 个参数满足 n 个一阶微分方程。

这些方程容许有 $n-1$ 个积分,从而存在 $x_1, x_2, \cdots x_n$ 的 $n-1$ 个函数,它们依然是常数。假如我们说**存在着某种依然是常数的东西**,我们所说的只不过是同义反复而已。我们甚至很难说出,在所有这些积分中,哪一个应该保留能量的名称。

此外,当把迈尔原理应用到有限系统时,就不能在这种涵义上来理解它。于是人们假定,我们的参数中有 p 个是独立地变化的,以至于在 n 个参数和它们的导数之间,我们只有 $n-p$ 个关系,它们一般是线性的。

为了简化阐述,假定外力作功之和是零,散发到外界的热量也是零。这样一来,我们的原理的意义将是:

在这 $n-p$ 个关系中存在一种组合,其第一个元是恰当微分;然后,根据 $n-p$ 个关系,这个微分变为零,它的积分便是常数,这个积分被称之为能量。

但是,有几个参数的变化是独立的,这怎么能够是可能的呢? 这种情况只有在外力的影响下才能发生(为简单起见,虽然我们已假定这些力的结果的代数和是零)。事实上,假使这个系统完全与所有外部作用隔离,那么我们的 n 个参数在给定时刻的值就足以决定该系统在任一后继时刻的状态,倘若我们总是保留决定论的假设的话;因此,我们又回到与上面一样的困难。

如果该系统未来的状态完全不由它的现在的状态来决定,那么这是因为它还依赖于该系统之外的物体的状态。可是,在确定该系统状态的参数 x 之间,有可能存在独立于外部物体的这一状态的方程吗? 另外,如果我们在某些个例中相信我们能够找到这样的方程,那么这是否不仅仅由于我们无知,而且还因为这些物体的影响太微弱,以致我们用实验检测不到它吗?

如果这个系统不能被看做是完全孤立的,那么很可能,它的内能的严格精确的表示式将取决于外部物体的状态。再者,我在上面已经假定外功之和为零,如果我们力图使自己摆脱这个有点人为的限制,那么阐述就变得更加困难。

要在绝对的涵义上阐述迈尔原理,从而必须把它推广到整个宇宙,于是我们发现我们企图避免的困难又呈现在面前了。

总之,利用日常语言,能量守恒定律只能有一种涵义,这就是存在着一种对一切可能性都是共同的特性;可是,按照决定论的假设,只有一种可能性,从而这个定律不再有任何意义。

相反地,按照非决定论的假设,它却有意义,即使在绝对的涵义上理解它;它也许是强加在自由上的一种限制。

但是,自由这个词使我想到,我正在离开主题,正要跑到数学和物理学领域之外的地方。因此,我要自我克制,并在这一整个讨论中将只强调一个印象,即迈尔原理具有足够灵活的形式,足以使我们把我们所希望的几乎任何东西都放入其中。由此看来,我没有意指它对应于非客观实在的东西,也没有意指它仅仅划归为同义反复,因为在每一个特例中,只要人们不企图把它推向绝对,它就具有十分清楚的意义。

这种灵活性是人们相信它的持久性的理由，另一方面，因为它只有融入更高级的和谐中才会消失，所以我们可以满怀信心地依靠它去工作，可以预先肯定，我们的努力不会白费。

我刚刚说过的几乎一切都适用于克劳修斯原理。与之不同的是，它是用不等式来表示的。也许人们会说，它与一切物理定律相同，由于这些定律的精确性总是受到观察误差的限制。但是，它们至少自命为一级近似，人们希望用愈来愈精确的定律逐渐代替它们。另一方面，如果克劳修斯原理划归为不等式，那么这并不是我们的观察手段不完善的缘故，而是由该问题的真正本性引起的。

关于第三编的总结论

这样一来，力学原理以两种不同的姿态出现在我们的面前。一方面，它们是建立在实验基础上的真理，就几乎孤立的系统而言，它们被近似地证实了。另一方面，它们是适用于整个宇宙的公设，被认为是严格真实的。

如果这些公设具有普遍性和确定性，而从中引出它们的实验事实反倒缺乏这些性质，那么，这是因为它们经过最终分析便划归为约定，我们有权利做出约定，由于我们预先确信，实验永远也不会与之矛盾。

然而，这种约定不是完全任意的；它并非出自我们的胡思乱想；我们之所以采纳它，是因为某些实验向我们表明它总是方便的。

　　这样就可以说明,实验如何能够建立力学原理,可是实验为何不能推翻它们。

　　与几何学作一下比较:几何学的基本命题,例如欧几里得的公设,无非是些约定,要问它们是真还是假,正如问米制是真还是假,同样是没有道理的。

　　这些约定只是方便的,正是某些实验告诉我们这一点。

　　乍一看,类比是圆满的;实验的作用似乎是相同的。因此,人们将会说:或者必须把力学看做是实验科学,于是同样的结论对几何学而言也必定成立;或者相反,几何学是演绎科学,于是人们可以说力学也是如此。

　　这样的结论恐怕是不合理的。实验引导我们把几何学的基本约定视为比较方便的东西而加以采纳,但是这些实验依据的是与几何学所研究的对象毫无共同之处的客体;它们与固体的性质有关,与光的直线传播有关。它们是力学实验,光学实验;它们无论如何不能被看做是几何学实验。甚至可以说,我们的几何学在我们看来似乎是方便的主要理由在于,我们身体的各部分、我们的眼睛、我们的四肢,都具有固体的性质。为此缘故,我们的基本实验是出色的生理学实验,这些实验与作为几何学家必须研究的对象即空间无关,而与他的身体,也就是说,与他为从事这一研究必须利用的器具有关。

　　相反地,力学的基本约定和向我们证明它们是方便的实验与严格相同的客体或类似的客体有关。约定的和普遍的原理是实验的和特殊的原理的自然而直接的概括。

　　让别人不要说我在科学之间划出一道人为的防线吧;而且,假如我用一道屏障把严格意义上所谓的几何学与固体的研究分隔开来，那么我同样能够在普遍原理的实验式的力学和约定式的力学之间设立一道屏障。事实上，在把这两门学科分开时，我把它们二者都弄得支离破碎了，当约定式的力学被孤立时，它将留下的只是微不足道的东西，而且无论如何也不能和被称之为几何学的这门学科的华美主体相比，谁看不到这一切呢？

现在人们看到，力学教学为什么还应该是实验的。

只有这样，才能够使我们了解科学的起源，这对于完整地理解科学本身是必不可少的。

此外，我们研究力学，那是为了应用它；只有它始终是客观的，我们才能够应用它。现在，正如我们看到的，原理在普遍性和确定性方面有所得，它们在客观性方面就有所失。因此，我们必须尽早熟悉的，尤其是原理的客观性方面，只有从特殊到普遍，而不是反其道而行之，我们才能做到这一点。

原理都是约定或隐蔽的定义。可是，它们是从实验定律引出的；可以说，这些定律被提升为原理，我们的心智把绝对的价值赋予它们。

有些哲学家概括得太过分了；他们认为原理就是整个科学，从而认为全部科学都是约定的。

这种自相矛盾的学说就是所谓的唯名论，它经不起审查。

定律怎么能变成原理呢？它表达了两个真实项 A 和 B 之间的关系。但它并非严格为真，它仅仅是近似的。我们任意引入一个或多或少是虚构的中间项 C，**按照定义**，C 恰好与 A 有该定律所表示的关系。

于是，我们的定律被分为两部分：其一是绝对而严格的原理，它表示 A 和 C 的关系；其二是实验的定律，它是近似的和可修正的，表示 C 和 B 的关系。很清楚，不管把这种分割推得多么远，将总有一些定律依然留下来。

现在，我们将进入严格所谓的定律的领域。

第四编

自 然 界

第九章　物理学中的假设

实验和概括的作用。实验是真理的唯一源泉。唯有它能够告诉我们一切新东西，唯有它能够给我们确定性。这是毋庸置疑的两点。

然而，假如实验即是一切，那么给数学物理学还会留下什么位置呢？实验物理学与这样一个似乎无用的、也许甚至有些危险的助手有什么关系呢？

可是数学物理学还是存在着，它做出了无可怀疑的贡献，在这里我们有一个必须说明的事实。

要说明的是，只有观察还是不够的。我们必须利用我们的观察资料，去做我们必需概括的工作。这正是人们一向所做的事情；只是由于记着过去的错误，才使他们越来越小心谨慎，他们越来越多地进行观察，却越来越少地从事概括。

每一个时代都嘲笑在它之前的时代，指责它概括得太快了、太天真了。笛卡儿（Descartes）曾为爱奥尼亚人感到遗憾；但是笛卡儿本人又使我们发笑。无疑地，我们的孩子某一天将会讥笑我们。

但是，我们接着不能直接抵达终点吗？这不是避免我们预见的嘲笑的方法吗？我们不能仅仅满足于赤裸裸的实验吗？

不，这是不可能的；这就完全误解了科学的真实本性。科学家必须按顺序配置。科学是用事实建立起来的，正如房子是用石块建筑起来的一样。但是，收集一堆事实并不是科学，正如一堆石块不是房子一样。

尤其是，科学家必须预见。卡莱尔（Carlyle）*在某处曾经说过与此类似的话："没有什么比事实更为重要了。让·桑·泰尔（Jean Sans Terre）曾经过这里。这里有一些值得赞美的东西。这里有一种实在，为此实在我愿献出世界上所有的理论。"卡莱尔是培根（Bacon）的同胞；但培根却不这样说。那是历史学家的语言。物理学家宁愿说："让·桑·泰尔曾经过这里；这件事与我无关，因为他永远也不会再从这条道路经过。"

我们大家都知道，有好的实验，也有不好的实验。不好的实验再多也无用；尽管人们可能做了千百个实验，但是真正的大师——例如巴斯德（Pasteur）——的工作的一个片断就足以使人们忘却那些实验。培根也许完全理解这一点；正是他发明了**判决性实验**（Experimentum crucis）这个词。但是，卡莱尔却不能理解它。事实就是事实。一个小学生读了温度计上的某一数目；他毫不在意地记下了这个数目；不要紧，他读了它，如果这只是一个可以计及的事实，那么这里就有一个和国王让·桑·泰尔旅行具有同一等级的实在。为什么这位小学生做出的这个读数的事实没有什么趣味，而熟练的物理学家做出的另一读数的事实相反地就十分重要呢？这是因为从第一个读数中我们不能推论出任何东西。那么，什么是好的实验呢？好的实验就是除了一件孤立的事实外，还能

---

　　* 托马斯·卡莱尔（Thomas Carlyle，1795～1881）是苏格兰散文作家和历史学家。主要著作有《法国革命》、《论英雄、英雄崇拜和历史上的英雄事迹》等。——译者注

告诉我们一些东西；好的实验能使我们预见，也就是说，能使我们概括。

因为没有概括，便不可能预知。人们工作过的环境从来也不会同时统统复现。从而，观察过的行为永远不会发生；能够确认的唯一事情就是，在类似的环境下将产生类似的行为。于是，为了预见，至少必须乞求类比，这就是说，此时已经概括了。

不管人们多么胆怯，还是有必要进行内插。实验只给我们一定数目的孤立的点。我们必须用一条连续的线把这些点连接起来。这就是名副其实的概括。但是，我们还要做得更多一些；我们所画的曲线将通过所观察的点之间，并邻近这些点；它不会通过这些点本身。这样一来，人们并未仅限于概括实验，而且还要矫正它们；如果物理学家企图逃避这些矫正，而真的以赤裸裸的实验为满足，那么他便会被迫说出一些十分离奇的定律来。

因而，赤裸裸的事实对我们来说总是不够的；这就是为什么我们必须拥有有序化的科学，或者宁可说必须拥有经过组织的科学。

人们常说，必须毫无先入之见地做实验。这是不可能的。这不仅会使一切实验毫无结果，而且人们做过这种尝试，都一事无成。每一个人在他的心智中都有他自己的世界概念，他无法轻易地使自己摆脱它。例如，我们必须使用语言；我们的语言正是由先入之见构成的，而不可能是其他。不过这些只是无意识的先入之见，它们比别的先入之见还要危险一千倍。

如果我们引入了其他我们已经充分意识到的先入之见，那么我们只会更加不幸，我们可以这样说吗？我认为不能。我宁可相信它们将起到相互平衡的作用——我将要说它们是解毒剂；一般说来,它们将难以相互一致——它们将彼此冲突起来,因此我们不得不从各个方面考察事物。这足以使我们不受束缚。由于他能够选择他的主人,他不再是奴隶了。

于是,多亏概括,每一个观察到的事实都能使我们预见大量的其他事实;不过,我们务必不要忘记,只有第一个事实是确定的,其他的仅仅是可几的。一个预见在我们看来不管建立得可能多么牢固,如果我们着手证实它,我们从来也没有**绝对**保证实验不会与它矛盾。可是,这种概率常常如此之大,以至于我们实际上可以满意它。与其根本不去预见,还不如做即使不确定的预见。

因此,当机会来到时,我们永远也不要不屑于去证实。但是所有的实验都是长期的、困难的;勤勉的人没有几个;而我们需要预见的事实的数目是巨大的。与这么大的数目的直接证实相比,我们能够做的直接证实永远只不过是沧海之一粟而已。

我们必须最充分地利用我们能够直接得到的这几个结果;很有必要从每一个实验中获得尽可能多的预见,而且具有程度尽可能高的概率。可以说,这个问题就是增加科学机器的收益。

让我们把科学和应该不断扩充的图书馆比较一下。图书馆员没有供他采购的充裕资金。他应当尽量不浪费资金。

正是实验物理学被委托做采购工作。而且,唯有它才能使图书馆丰富起来。

至于数学物理学,其任务将是编制书目。即使书目编得再好,图书馆也不会更为丰富,但却有助于读者使用它的丰富藏书。

而且,由于它把藏书的脱漏告诉图书馆员,因而能使他明智地使用他的资金;这是更为重要的,因为资金严重匮乏。

于是，数学物理学的作用就是如此。它必须以这样的方式直接概括，以便增加我刚才所谓的科学的收益。它用什么方法能够达到这一点，它如何能够安全地去做，这就是留给我们去研究的问题。

自然界的统一。首先，让我们注意一下，每一种概括在某种程度上都隐含对自然界的统一性和简单性的信念。至于统一性，不会有什么困难。如果宇宙的各部分不像一物的各部件，它们就不会相互作用，它们就不会彼此了解；尤其是，我们只能知其一部分。因此，我们不去问自然是否是一体的，而要问它如何是一体的。

至于第二点，就不是那么容易的事了。不能确定自然界是简单的。我们能够假定它仿佛是这样而毫无危险地行动吗？

有一段时间，马略特定律的简单性成为被乞灵于证明其准确的论据。菲涅耳（Fresnel）在与拉普拉斯（Laplace）的谈话时曾经说过，自然界不关心解析上的困难，为了不过分强烈地触犯盛行的观点，他感到不得不加以说明。

今天，观念大大地改变了；可是，那些不相信自然规律是简单的人还往往不得不像他们相信似的去行动。他们无法完全摆脱这种必要性，除非使一切概括、从而使整个科学变得不可能。

很清楚，任何事实都能够以无限的方式概括，它是一个选择问题。选择只能够受简单性的考虑的引导。让我们举一个最平常的例子，即内插法的例子。我们在观察所给的点之间，画一条尽可能规则的连续线。我们为什么要避开那些造成角的点和太突然的转折呢？我们为什么不使我们的曲线描绘出最为变幻莫测的之字形呢？这是因为我们预先知道或我们自信知道，所表示的定律不会像那一切复杂。

由木星卫星的运动，或由大行星的摄动，或由小行星的摄动，我们可以计算木星的质量。如果我们取这三种方法所获得的测定值的平均数，我们就得到三个十分接近、但又不同的数。我们可以假定引力系数在三种情况下不同，来诠释这一结果。观察结果可以肯定是比较好地表示出来了。我们为什么要拒绝这种诠释呢？这不是因为它是荒谬的，而是因为它不必要地复杂化了。我们只是在不得已的时候接受它，现在还不必这样。

总而言之，通常认为每一个定律都是简单的，直到相反的东西被证明为止。

我刚才说明的原因，把这种习惯强加给物理学家。但是，在每天向我们显示出更丰富、更复杂的新细节的发现面前，我们将如何证明这种习惯是正当的呢？我们进而如何使它与自然界的统一性的信念一致呢？这是因为，假如每一个事物都与其他一切事物有关，那么如此之多的不同因素参与的关系就不会是简单的。

倘若我们研究科学的历史，我们看到发生了两种可以说是相反的现象。有时简单性藏匿在复杂的外观下；有时简单性则是表观的，它隐蔽着极其复杂的实在。

有什么比行星摄动更复杂呢？有什么比牛顿定律更简单呢？正如菲涅耳所说，自然界在那里玩弄解析困难，同时又仅仅使用简单的手段，通过把这些手段结合起来，自然界就产生了我不知道的解不开的死结。藏匿的简单性正好在这里，我们必须发现它。

相反的例子也相当多。在气体运动论中，人们处理以极大速度运动的分子,它们的路径由于频繁的碰撞而发生变化,具有最为变幻莫测的形状,而且在每一个方向通过空间。可观察的结果则是马略特的简单定律。每一个个别的事实是复杂的。大数定律在平均中重建起简单性。在这里,简单性仅仅是表观的,只是我们感官的粗糙妨碍我们洞察复杂性。

许多现象都服从比例定律。但原因何在呢?因为在这些现象中,有一些东西是很小的。因此,观察到的简单定律只是普遍的解析法则——函数的无限小增量与变量的增量成比例——的结果。因为实际上我们的增量不是无限小,而是十分小,所以比例定律只是近似的,简单性只是表观的。我刚才说过适用于小运动的叠加法则,这个法则富有成效,它是光学的基础。

牛顿定律本身又如何呢?它的如此长久未被识破的简单性,也许只是表观的。谁知道它是否由于某种复杂的机制,由于受到不规则运动激励的难以捉摸的物质的影响呢,谁知道它是否只有通过平均作用和大数作用才变简单了呢?无论如何,不假定真实定律包含补余项是困难的,这些项在小距离的情况下是可以察觉的。假如在天文学中这些项作为牛顿定律的修正可以忽略,假如该定律因此恢复了它的简单性,那也许只是因为天体的距离极大的缘故。

毫无疑问,如果我们的研究方法变得越来越透彻,我们便会在复杂的东西之下发现简单的东西,然后在简单的东西之下发现复杂的东西,接着再在复杂的东西之下发现简单的东西,如此循环不已,我们不能预见最后的期限是什么。

我们必须停止在某个地方,要使科学是可能的,当我们找到简单性时,我们就必须停下来。这是唯一的基础,我们能够在这个基础上建立我们的概括的大厦。但是,这种简单性仅仅是表观的,该基础将足够牢固吗? 这是必须研究的问题。

为此目的,让我们看看,关于简单性的信念在我们的概括中起什么作用。我们已在为数众多的特例中证实了简单的定律;我们拒不承认这种如此经常重复的一致只能是偶然性的结果,我们得出结论:该定律必须在普遍情况下为真。

开普勒注意到,第谷(Tycho)所观察的行星的位置都在一个椭圆上。他从来也没有片刻想到,由于机遇的奇怪作用,第谷每次观察天象,都是在行星的真实轨道正巧与这个椭圆相交之时。

不管简单性是真实的,还是它掩盖着复杂的实在,这是什么关系呢? 或者它是由于降低个体差异的大数的影响,或者它是由于容许我们忽略某些项的一些量或大或小的作用,它绝不是由于机遇。这种简单性不管是真实的还是表观的,总是有原因的。这样一来,我们始终能够遵循同一推理过程,如果在几个特例中观察到简单性,我们便能够合理地假定,它在类似的案例中还是真实的。否认这一点也就是赋予机遇一种不能允许的作用。

可是,其中仍有区别。如果简单性是实在的和基本的,那么即使我们测量手段的精度提高了,这种简单性依然如故。因此,如果我们相信自然界本质上是简单的,我们必然能从近似的简单性推论出严格的简单性。这是以前所做过的东西;这是我们不再有权利去做的东西。

例如,开普勒定律的简单性仅仅是表观的。这并不妨碍它们十分近似地应用于类似于太阳系的一切系统;但是,这却使它们不是严格精确的。

假设的作用。一切概括都是假设。因此,假设有着必不可少的作用,这永远是谁也无法辩驳的。不过,它应当总是尽可能早地、尽可能经常地受到证实。当然,如果它经不起这种检验,人们就应该毫无保留地抛弃它。这正是我们通常所做的工作,但是有时人们却有点儿病态情绪。

好了,甚至这种病态情绪也不是正当的。真正抛弃了他的假设之一的物理学家反而应当十分高兴;因为他找到了一个未曾料到的发现机会。我想,他的假设并不是毫无考虑地采纳的;这个假设考虑了一切似乎能够参与现象的已知因素。如果检验不支持它,那正是因为存在着某些未曾预期的、异乎寻常的东西;因为在那里存在着将要去寻找的未知的新颖的东西。

可是,被抛弃的假设是毫无成效的吗? 远非如此,可以说,它比真实的假设贡献更大。它不仅是决定性实验(decisive experiment)的诱因,而且若不做这个假设,该实验即使碰巧做成功,也不会从中推出什么东西。人们不会看到异常的东西;人们只不过多编入了一个事实,而不能从中演绎出最小的结果。

现在要问,在什么条件下利用假设而毫无危险呢?

服从实验的坚定决心是不够的;还有危险的假设;首先,尤为重要的是不言而喻的和无意识的假设。由于我们是在不了解实验的情况下做假设的,因此我们无力抛弃这些假设。可是在这里,数学物理学再次能够帮助我们。因为数学物理学是以精确为特征的,所以它迫使我们制定一切假设,我们在没有它时也可以做假设,但却是无意识地做出的。

此外,我们要注意,重要的是不要过分地增加假设,只能一个接一个地做假设。如果我们在若干假设的基础上构造理论,如果实验否证它,我们前提中的哪一个必须改变呢? 这将是不可能知道的。相反地,如果实验成功了,我们可以认为我们一举证明了所有假设吗? 我们会相信只用一个方程就能决定几个未知数吗?

同样,我们务必仔细区分各类假设。其中一类假设是极其自然的,人们几乎不能避免它。人们难得不假定,十分遥远的物体的影响完全可以忽略,小移动遵循线性定律,结果是其原因的连续函数。我同样将要讲对称性给予的条件。事实上,这一切假设形成了数学物理学所有理论的公共基础。它们是最后应该被舍弃的东西。

还有第二类假设,我将称其为中性假设。在大多数问题中,解析家在计算之初就假定,或者物质是连续的,或者相反,物质是由原子构成的。他可以做相反的假定,而不改变他的结果。他只可能比较费神地得到这些结果;这就是一切。因此,譬如实验确认(confirmation)了他的结论,他可以认为他证明了原子的真实存在吗?

在光学理论中,引入了两种矢量,其一被看做速度,其二被视为涡旋。这里还是一个中性假设,因为采取正好相反的假设,也能得到同样的结论。因此,实验成功也不能证明第一个矢量实际上是速度;实验只能证明一件事,即它是矢量。这是在前提中实际引入的唯一假设。为了把我们软弱的心智所要求的具体外观给予它,那就必须或者视其为速度,或者视其为涡旋,按同样的方式,或

者必须用字母 x 表示它，或者必须用字母 y 表示它。然而，不管结果如何，正像这不证明把它称为 x 而不称为 y 是对还是错一样，这也不证明把它看做速度是对还是错。

只要这些中性假设的特征不被误解，它们就永无危险。这些假设可能是有用的，它们或者作为计算的技巧，或者有助于我们理解具体的图像，或者如人们所说的那样坚定我们的观念。从而没有排除它们的场合。

第三类假设是真正的概括。它们是实验必须确认或否证的假设。不管确认或宣告不适用，它们将总是富有成效的。但是，由于我已经提出的理由，它们将只有在它们为数不太多的情况下才是富有成效的。

数学物理学的起源。让我们进一步深究一下，比较仔细地研究一下容许数学物理学发展的条件。我们立即看到，科学家的努力总是为了把实验直接给出的复杂现象分解为为数众多的基本现象。

这可以用三种不同的方式来做：首先，在时间里分解。其目的仅仅是把每一时刻与紧挨它的前一时刻联系起来，而不是把现象的渐次发展包容在它的整体中。人们承认，世界的实际状态只依赖于紧挨着的过去，也可以说，它不受遥远的过去的记忆的直接影响。由于这个公设，我们不去直接研究现象的整个接续，可以把我们自己局限于它的"微分方程"。我们用牛顿定律代替开普勒定律。

其次，我们尝试在空间中分析现象。实验给予我们的是一堆混乱的事实,这些事实在相当大的舞台上演出。我们必须试图发现基元现象,这些现象反而将定域在很小的空间区域。

举几个例子也许可以更充分地理解我的思想。假如我们希望研究正在冷却的固体的温度分布,我们永远也不会成功。如果我们想到固体的一点不能直接把它的热传给遥远的点,那么一切就变得简单了;该点将把它的热仅仅传给紧邻接的点,然后热流逐渐地到达固体的其他部分。基元现象是两个相邻点之间的热交换。只要我们承认——这是很自然的——它不受其距离是易觉察的分子的温度的影响,那么问题就被严格定域了,也就比较简单了。

我折弯一根棒。它将呈现出十分复杂的形状,直接研究这种形变是不可能的。但是,不管怎样,我能够着手处理它,只要我注意到棒的弯曲是棒的很少的要素形变的结果,而且这些要素每一个的形变只与直接施加在它上面的力有关,而与可能作用在其他要素上的力根本无关。

我可以毫不费力地举出许多例子,在所有这些例子中,我们承认不存在超距作用,或者至少认为不存在大距离的作用。这是一种假设。它并非总是为真,引力定律向我们表明了这一点。因此,它必须受到证实。如果它被确认了,即使是近似地确认了,那也是宝贵的,因为它能使我们至少用逐次逼近法来建造数学物理学。

如果这个假设经不起检验,那我们就必须寻找其他类似的东西;因为还有其他手段达到基元现象。如果几个物体同时作用,那么可能发生这样的情况:它们的作用可以是独立的,而且或者作为矢量,或者作为标量,彼此简单地相加。基元现象因而是孤立物体的作用。或者,我们不得不再次处理小运动,或更普遍地处理小变分(variations)，这服从众所周知的叠加律。于是，所观察到的运动将被分解为简单的运动，例如声被分解为谐音，白光被分解为单色光。

当我们发现在什么方向对于寻找基元现象来说是可取的时候，我们用什么办法才能达到目的呢？

首先，常常会发生这种情况：为了检测它，或者更恰当地讲为了检测它对我们有用的部分，没有必要深入到机制之内；大数定律就足够了。

让我们再举一个热传播的例子。每一个分子都向每一个邻近的分子发出辐射线。我们并不需要知道按照什么定律。如果我们就此做出任何假定，那么它可能是中性假设，从而它是无用的、不能证实的。事实上，由于平均作用和媒质的对称性，所有差别都被拉平了，而且不管可能做什么假设，结果总是相同的。

在电理论和毛细现象理论中，也出现同样的情况。邻近的分子相互吸引和排斥。我们不需要知道按照什么定律；在我们看来，只要这种引力仅在小距离内才可察觉，只要分子是极多的，只要媒质是对称的就足够了，我们只要让大数定律起作用就行了。

在这里，基元现象的简单性再次藏匿在可观察现象的复杂性下面；但是，这种简单性本身只是表观的，它隐蔽着极其复杂的机制。

达到基元现象的最好手段显然是实验了。我们应当用实验设法解开自然界供给我们研究的一捆复杂的乱丝，仔细地研究尽可能多的孤立的要素。例如，自然界的白光可以借助棱镜分解为单色光，可以借助起偏振镜分解为偏振光。

　　不幸的是,这既非总是可能的,亦非总是充分的,有时心智要超过实验。我将只引证一个例子,这个例子经常强烈地震撼着我。

　　如果我分解白光,我将能够把光谱的一小部分孤立起来,但是这部分无论可能多么小,它总会保持一定的宽度。同样地,所谓**单色光**的自然光给我们一条十分窄的线,但是不管怎样,它并不是无限窄。可以设想,在用实验研究这些自然光的特性时,用越来越精细的光谱线做试验,最后便通过一个极限,于是可以说,我们成功地获悉了严格的单色光的性质。

　　这不可能是准确的。设从同一光源发出两束光线,我们先使它们在两个垂直平面上偏振,然后使它们返回到同一偏振面,再试图使它们发生干涉。如果光**严格**地是单色的,那么它们就会干涉。用我们的接近单色的光做实验,就没有干涉现象,无论谱线多么窄也不行。为了发生干涉,就必须使谱线比已知的最精细的谱线还要窄几百万倍。

　　可是在这里,我们被通过极限欺骗了。心智必须超过实验,如果能成功地做到这一点,那正是因为心智容许自己受简单性本能的指导。

　　知道基本事实能使我们用方程表达问题。此外只要通过组合,从这个方程演绎出能够观察和能够确认的复杂事实就行了。这就是所谓的**积分**,它是数学家的事务。

　　人们可能要问,在物理科学中,概括为什么如此迅速地采取数学形式呢?现在,理由是很容易看到的。这不仅因为我们具有用数字表示的定律;还因为可观察的现象是由大量的**完全相似**的基元现象叠加而成的。从而很自然地引入了微分方程。

　　每一个基元现象服从简单的定律还是不够的；所有这些组合在一起的现象必须服从相同的定律。唯有这样，数学的介入才会有用处；数学实际上教导我们把同类的东西与同类的东西组合起来，数学的目的在于了解组合的结果，不需要重新一个一个地组合。如果我们不得不数次重复同一运算，那么由于它通过一种归纳法预先告诉我们运算的结果，从而能使我们避免这种重复。在上面的关于数学推理的那一章中，我已经说明了这一点。

　　但是，就这一点而言，所有的运算必须是相似的。在相反的个例中，显然必须在实际上一个接一个地顺从做运算，而数学也就变得无用了。

　　可是，多亏物理学家所研究的物质的近似的均匀性，数学物理学才可能诞生。

　　在自然科学中，我们再也找不到这些条件：均匀性、远离部分的相对独立性、基本事实的简单性；这就是为什么博物学家被迫诉诸其他概括方法。

第十章　近代物理学的理论

物理学理论的意义。外行人看到科学理论多么短命而备受冲击。在经过一些年代的繁荣兴旺之后，他们看到这些理论相继被抛弃了；他们看到废墟堆积在废墟之上；他们预见今天风靡一时的理论不久也会遭到同样的命运，因此他们得出结论说，这些理论是完全无用的。这就是他们所谓的**科学破产**。

他们的怀疑论是肤浅的；他们根本没有考虑科学理论的目的和作用；否则他们就会明白，这些废墟可能还对某些东西有好处。

菲涅耳曾把光归因于以太的运动，似乎没有什么理论比菲涅耳理论更牢固了。可是如今，人们却偏爱麦克斯韦理论。这意味着菲涅耳的工作是徒劳的吗？不，因为菲涅耳的目的不在于弄清楚，以太是否实际上存在，或者它是否由原子构成，这些原子实际上是否在这个或那个向指运动；他的目标是预言光学现象。

而且，菲涅耳理论在今天以及在麦克斯韦之前，总是容许做到这一点。微分方程总是为真；它们总是能够用同样的步骤来积分，而且这个积分的结果总是保持它们的值。

请人们不要说，我们这样做是把物理学理论仅仅划归为实用处方的角色；这些方程表示某些关系，如果方程依然为真，那正是因为这些关系保存着它们的实在。它们现在像那时一样告诉我们，在一些事物和另一些事物之间存在着如此这般的关系；只不过这种东西我们以前称为**运动**；现在我们却称其为**电流**。但是，这些名称仅仅是代替实在的客体的图像，自然界永远将实在的客体向我们隐藏着。这些实在的客体之间的真关系是我们能够得到的唯一实在，而唯一的条件是，在这些客体之间与在我们被迫用来代替它们的图像之间存在着相同的关系。如果我们知道这些关系，那么我们若认为用一种图像代替另一种图像是方便的，又有什么要紧的呢。

假定某些周期现象（例如电振荡）实际上是由于某些原子的振动，这些原子的行为像摆一样，的确在这个向指或那个向指运动着，这既不可靠，也没有什么趣味。但是，在电振荡、摆运动和一切周期现象之间存在着密切的关系，而这种关系又对应于深刻的实在；这种关系，这种类似，或恰当地讲这种平行性，扩展到细节；它是更为普遍的原理即能量原理和最小作用原理的结果；这是我们能够确认的东西；这就是在一切装束下将总是依然如故的真理，我们可能认为这样打扮它是有用处的。

人们已提出许多色散理论；起初是不完善的，只包含一小部分真理。后来，亥姆霍兹的理论出现了；接着人们以各种方式修正它，连亥姆霍兹本人也在麦克斯韦原理的基础上设想出另一种理论。但是，值得注意的是，亥姆霍兹之后的所有科学家，从表面上大相径庭的出发点开始，都达到同一方程。我敢说，这些理论同时都为真，不仅因为它们使我们预见相同的现象，而且也因为它们预先表述了真关系，即吸收关系和反常色散关系。在这些理论的前提中，真实的东西就是对所有作者共同的东西；这就是一些事物之间的某种关系的断定，至于事物的名称则随作者而异。

气体运动论也引起了许多非议，如果我们自称在其中看到了绝对真理，那就不可能答复了。但是，这一切非议并没有排除它曾经是有用的，尤其是它向我们揭示了真关系，即气体压力和渗透压的关系，要是没有它，这种关系还在深藏着。因此，在这个涵义上，可以说它为真。

当物理学家在对他来说同样可贵的两个理论之间发现矛盾时，他有时说："我们不必为此烦恼，虽然我们看不见链条的中间环节，但是让我们牢牢地握住它的两端。"如果必须把外行人理解的涵义赋予物理学理论的话，那么使神学家感到窘迫的这个论据恐怕是可笑的。在遇到矛盾的情况下，至少必须认为其中一个理论当时是假的。倘若在它们中只寻找应该寻找的东西，情况就不同了。也许它们二者都表达了真关系，也许矛盾仅仅处在我们用以覆盖实在的图像之中。

对于那些感到我们过多限制了科学家可以进入的领域的人，我要回答：我们禁止你们而你们却感到遗憾的这些问题不仅是无法解决的，而且它们是虚幻的、毫无意义的。

有些哲学家妄称，整个物理学都可以用原子的相互碰撞来说明。假若他只是意指，在物理现象之间与在为数众多的小球的相互碰撞之间存在着同一关系，那就再好不过了，这是可证实的，且也许为真。但是，他还意指更多的东西；我们以为我们是理解这一点的，因为我们以为我们知道碰撞本身是什么；为什么呢？只因为我们常常看台球游戏。我们能认为上帝凝视他的造化时，与我们注视台球比赛时有同样的感觉吗？如果我们不想把这个稀奇古怪的涵义赋予他的断语，如果我们也不需要我刚才说明的且是健全的限制性涵义，那么它便一无所有。

因此，这一类假设只有隐喻的涵义。与诗人不禁用隐喻一样，科学家也不应该禁用这类假设；但是，他们应该知道，它们是有价值的。它们对于心智的某种满足而言可能是有用的，倘若它们只是中性假设，它们就不是有害的。

这些思考向我们说明，为什么某些应该被抛弃的、最终被实验宣告不适用的理论突然死灰复燃并重获新生。正是因为它们表达了真关系；而且还因为，由于各种各样的理由，当我们感到有必要用另一种语言陈述同一关系时，它们并没有停止如此表达。因此，它们保持了一种潜在的生命。

仅仅在 15 年前，难道有比库仑（Coulomb）流体更可笑的、更幼稚得过时了的东西吗？可是现在，它们又以**电子**的名义重新出现了。这些永久带电分子与库仑电分子的区别何在呢？的确，在电子中，电是由微小的、十分微小的物质承载着；换句话说，它们具有质量（可是这一点现在有争议）；但是，库仑并没有否认他的流体有质量，或者，即使他否认了，那也只是勉强的。断言对于电子的信念不会再遭到挫折也许是急躁的；注意到这个未曾料到的复活，没有人不感到奇怪。

但是，最显著的例子是卡诺（Carnot）原理。卡诺是从错误的假设出发建立这个原理的。当人们看到，热并非不可毁灭，但可以转化为功，于是便完全抛弃了卡诺的观念；其后，克劳修斯重新研究它们，才使它们最后获胜。卡诺原理在它的原始形式下除了表达出真关系外，还表达了其他不精确的关系，即过时的观念的残余；但是，后者的存在并没有改变其他东西的实在性。克劳修斯只是像人们砍掉枯枝一样地抛弃了那些过时的观念。

其结果是热力学的第二个基本定律。在那里总是有相同的关系;虽然这些关系至少在表观上不再继续存在于同样的客体之间。这足以使该原理保留它的价值。甚至卡诺的推理也并未因此而消灭;它们被用于受错误沾染的资料中;但是,它们的形式(也就是说本质的东西)依然是正确的。

我刚才讲过的话同时也阐明了像最小作用原理或能量守恒原理这样的普遍原理的作用。

这些原理具有极高的价值;它们是在许多物理定律的阐述中寻求共同点时得到的;因此,它们仿佛代表着无数观察的精髓。

不过,正是从它们的普遍性中产生了一个结果,即它们不再能够被证实,我在第八章对此已引起注意。由于我们未能给出能量的一般定义,因此能量守恒原理仅仅意指存在着依然是常数的**某种东西**。好了,不管未来的实验给予我们关于这个世界的新概念是什么,我们总能预先保证,将存在**保持不变**的某种东西,人们可以称之为**能量**。

这是说该原理没有意义而且消失在同义反复中了吗? 根本不是;它意味着,我们称之为**能量**的各种东西被真实的亲缘关系结合起来;它断定在它们之间存在着实在的关系。但是,如果这个原理有意义,它就可能为假;也许我们没有权利无限地推广它的应用,可是在该术语的严格意义上,它预先肯定可以检验;然则我们将如何知道它什么时候会获得我们能够合理地赋予它的一切外延呢? 只有当它不再对我们有用,即不再使我们正确地预见新现象之时。在这样的情况下,我们将确信所肯定的关系不再是实在的;否则,它就可能是富有成效的；实验即使不直接与该原理的新外延相矛盾，但也可以宣布它不适用。

物理学和机械论。大多数理论家对于从力学或动力学中借用的说明都有一种经常的偏爱。有些人只要能够用按照某些定律相互吸引的分子的运动说明一切现象，他们就会心满意足。另一些人更苛求禁止；他们想禁止超距引力；他们的分子沿直线路径运动，这些分子只有在受到碰撞时才能从直线路径偏离。还有人像赫兹那样也取消了力，但却假定它们的分子服从几何连接物，例如这些连接物类似于我们的联动装置的连接物；他们这样试图把动力学还原为一种运动学。

一句话，大家都想把自然界弯曲成某种形式，在这种形式之外，他们的心智是不会感到满意的。对此，自然界将是充分柔顺的吗？

我们在第十二章提出麦克斯韦理论时，将考察这个问题。每当能量原理和最小作用原理被满足的时候，我们将不仅看到总是存在一种可能的力学说明，而且也看到总是有无限多的说明。借助于众所周知的柯尼希（König）关于联动装置的定理，可以证明，我们能够通过仿效赫兹的连接物，或者用有心力，以无限的方式说明一切。毫无疑问，同样可以顺利地证明，一切总是能够用简单的碰撞来说明。

为此，我们当然不需要以我们感觉到的、我们直接观察其运动的通常的物质为满足。或者我们将假定，这种普通物质是由原子构成的，我们无法知道原子的内部运动，唯有整体位移始终能为我们的感官感受。或者我们将设想某些微妙的流体,叫它们以太也好,叫其他名字也好,它们在物理学理论中总是起着如此巨大的作用。

人们往往更进一步,把以太看做是唯一的原始物质,甚或看做是唯一真实的物质。比较稳健的人则把普通物质视为凝聚的以太,这是不足为奇的;但是,另外的人则进而减小它的重要性,简直把它看做是以太奇点的几何轨迹。例如,在开耳芬勋爵(Lord Kelvin)看来,我们称之为**物质**的东西,只不过是以太被涡旋运动所激发的点的轨迹;在黎曼看来,物质是以太不断消灭的点的轨迹;在最近的其他创造者维歇特(Wiechert)或拉摩(Larmor)看来,物质是以太在其中经历一种扭转的点的轨迹,这种扭转具有十分特殊的性质。如果我们试图采取这些观点之一,我要扪心自问,我们依据什么权利在这是真实的物质的借口之下,把在通常的物质即只不过是虚假的物质中观察到的力学性质推广到以太呢。

当人们察觉到热并非是不可毁灭的时候,便抛弃了古老的流体、热质、电等等。但是,也是因为另外的理由抛弃了它们。在使它们物质化的过程中,可以说强调了它们的个性,即在它们中间辟开了一道深渊。待到我们比较强烈地感觉到自然界的统一性,觉察到把自然界的各个部分连接在一起的密切关系时,这个深渊必然会被填平。古代的物理学家在增加流体时不仅不必要地创造了实体,而且他们也割裂了实在的联系。

就一种理论而言,它不肯定假关系还是不充分的,它还必须不隐藏真关系。

我们的以太实际上存在吗? 我们知道我们的以太信念的起

源。如果光从遥远的恒星抵达我们，那么在它离开恒星但还没有射到地球上需要几年时间；因此，它必须寄托在某个地方，也就是说，必须由某种实物支持者承载着。

同样的观念也可以用更数学化的、更抽象的形式来表述。我们查明的东西都是实物分子所经历的变化；例如，我们看到，我们的照相底片感受到一些现象的结果，这些现象的活动场所实际上是几年前恒星的白炽物质。可是，在通常的力学中，所研究的系统的状态只依赖于紧挨着的先前时刻的状态；因此，该系统满足微分方程。相反地，假使我们不相信以太，那么实物宇宙的状态就不仅应该取决于紧挨着的先前的状态，而且也应该取决于以往许多状态；该系统将满足有限差分方程。正是为了避免与力学普遍定律的这种背离，我们才发明了以太。

这还只不过是迫使我们用以太充满星际虚空，而不是使它渗透到实物媒质本身之内去。斐索（Fizeau）实验则更进一步。通过在空气或运动的水中传播的光线的干涉，该实验似乎向我们表明，存在着两种相互渗透且一种相对于另一种改变位置的不同的媒质。

我们似乎用手指接触到以太。

可是，还可以构想出使我们更密切地接触到以太的实验。假定牛顿的作用与反作用相等原理**唯有**用于物质时不再为真，并假定我们已确立了这一点。那么，施加在所有实物分子上的全部力的几何和就不再是零了。因此，如果我们不希望改变整个力学，那就必须引入以太，以便使物质表观上经受的这种作用与物质对于某种东西的反作用相平衡。

或者再假定，我们发现，光现象和电现象受地球运动的影响。我们可能被导致得出结论说，这些现象不仅可以向我们揭示物体的相对运动，而且这似乎是它们的绝对运动。另一方面，以太也许是必要的，以便这些所谓的绝对运动不是物体相对于空虚空间的位移，而是物体相对于某种具体东西的位移。

我们究竟能达到这一点吗？我没有这种希望，我将马上说出其中的缘由来，可是这种希望并不是荒诞不经的，因为其他人也曾有过它。

例如，如果洛伦兹（Lorentz）理论——我将在第十三章进一步详细地谈论它——为真，那么牛顿原理就不可能**仅仅**应用于物质，差别绝不是实验不可接近的。

另一方面，人们就地球运动的影响已做出了许多研究。结果总是否定的。但是，人们之所以进行这些实验，是因为他们不敢预先确信这个后果，事实上，按照流行的理论，补偿只可能是近似的，人们也许期望看到精确的方法给出肯定的结果。

我认为，这样的希望是虚幻的；表明这类成功多少会向我们打开一个新世界，这是人人都感兴趣的。

现在，必须容许我说几句题外话；事实上，我必须说明，尽管有洛伦兹，但是我为什么不相信更精密的观察任何时候都能证明除物体的相对位移之外的任何东西。人们已经做了许多实验，这些实验揭示了一阶项；结果是否定的；这会是偶然的吗？没有一个人接受这一点；人们企图找出普遍的说明，洛伦兹找到它；他表明，一阶项必然相互抵消，但二阶项则不然。于是，人们做了更精密的实验；它们也是否定的；它们也不是偶然性的作用；必须做出说明；说明被找到了,假设总是找得到的;从来也不缺少假设。

但是,这是不够的;谁不感到这还是把过大的作用留给偶然性呢?设某一境况正好在关键时刻应该最终消除一阶项,而另外的、截然不同的、但恰恰是适时的境况应该承担消除二阶项,引起这一切的奇异的一致也不会是偶然的吗?是的,对于这两种境况,必须找到相同的说明,因此每一件事都导致我们认为,这种说明将同样完好地适用于高阶项,而且这些项的相互抵消将是严格的、绝对的。

科学的现状。 在物理学发展史中,我们可以区分两种相反的趋势。

一方面,在有些似乎注定永远毫无联系的客体之间,正在不断地发现新的结合物;散乱的事实彼此不再陌生了;它们倾向于使自己排列成庄严的综合。科学向统一性和简单性进展。

另一方面,观察每天都向我们揭示出新现象;创新必须长久地等待它们的位置,有时为了给它们谋求位置,人们必须拆毁大厦的一角。正是在已知的现象本身中,我们粗糙的感官向我们指出了一致性,我们日复一日地察觉到更多变化的细节;我们以为简单的东西变复杂了,科学似乎向多样性和复杂性进展。

这两种相反的趋势似乎轮番凯旋,但是哪一个将最终赢得胜利呢?倘若是前者,科学则是可能的;但是没有什么东西先验地证明这一点,而且人们完全可能有理由担心,在蛮横地强使自然界屈从我们的统一性理想的徒劳努力之后,我们却被不断高涨的新发现的洪流所淹没,于是我们必须放弃对它们进行分类,抛弃我们的理想,把科学变成无数处方的登记。

对于这个问题,我们不能回答。我们所能做的一切就是观察今日的科学,并把它与昨天的科学进行比较。我们无疑可以从这种审查中汲取某种激励。

半个世纪之前,希望继续高涨。能量守恒及其转化的发现向我们揭示了力的统一。这表明,热现象可以用分子运动来说明。人们虽然没有确切地了解这些运动的本性是什么,但是没有人怀疑不久就可以知道它。至于光,任务似乎圆满地完成了。涉及电,事情并未有多大进展。电刚刚兼并了磁。这是迈向统一的引人注目的一步,是决定性的一步。

但是,电本身应该如何进入普遍的统一,它应该如何还原为万能的机械论呢?

对此,人们还没有任何设想。可是,谁也不怀疑这种还原的可能性,人们曾对它充满信仰。最后,就物体的分子性质而言,还原似乎还比较容易,但是全部细节依然不明确。一句话,希望是远大的、生气勃勃的,但却是模糊的。今天,我们看到了什么呢?首先,是基本的进步、长足的进步。电和光的关系现在已知了;光、电、磁这三个原来分开的领域现在仅形成一个领域;而这种兼并似乎是最终的。

然而,这种胜利也使我们付出了一些代价。光现象本身作为特例列在电现象之下;只要它们依然是孤立的,就容易通过假想它们的全部细节均已知的运动来说明它们,那是当然的事情;但是现在,一种说明要是可以接受的,它就必须能够顺利地推广到整个电领域。可是,这却是一件并非没有困难的事情。

我们取得的最满意的理论是洛伦兹理论，正如我们在第十三章将要看到的，洛伦兹用小带电粒子的运动来说明电流；无疑地，这是对已知事实做出最好说明的理论，是把为数最多的真关系阐明的理论，是在最后的建筑物中可以找到最多的遗迹的理论。然后，它还有我上面已经指出的严重缺点；它与牛顿的作用与反作用相等的定律是对抗的；或者确切地讲，在洛伦兹看来，这个原理不能单独地应用于物质；要是它是真实的，那就必须考虑以太对物质的作用和物质对以太的反作用。

现在，从我们目前了解的情况来看，事情大概不会以这样的方式发生。

不管怎样，多亏洛伦兹，斐索关于动体光学的结果、正常色散和反常色散定律以及吸收定律才找到它们相互间的联系，而且也找到与以太的其他特性的联系，这种联系无疑是通过永远也割不断的结合物连接在一起的。看看新的塞曼（Zeeman）效应已经方便地找到了它的位置，而且它甚至有助于分类法拉第（Faraday）的磁致旋光，而磁致旋光曾使麦克斯韦的努力落了空；这种方便充分地证明，洛伦兹的理论并不是注定要崩溃的人为的集合物。它恐怕必须被修正，却不会被消灭。

但是，洛伦兹的目的无非是把全部动体光学和动体电动力学包容在一个整体内；他从来也没有妄求给它们一种力学说明。拉摩则更进一步；他在本质上保留了洛伦兹理论，可以说在它上面嫁接了麦卡拉（MacCullagh）关于以太运动方向的观念。

在他看来，以太的速度像磁力一样，可能具有相同的方向和相同的大小。不管这种尝试多么巧妙，洛伦兹理论的缺点依然存在，甚至还加重了。就洛伦兹而言，我们不知道以太的运动是什么；由于这种无知，我们可以假定它们在补偿物质运动时重建作用与反作用相等。对拉摩来说，我们知道以太的运动，我们能够确定没有发生补偿。

如果拉摩失败了——在我看来他好像是这样——这意味着力学说明不可能吗？远非如此：我在上面说过，当现象服从能量原理和最小作用原理时，就容许有无数的力学说明；因此，关于光现象和电现象，情况也是如此。

但是，这还不够：要使力学说明是有效的，它必须是简单的；要在所有可能的说明中选择它，除了做出选择的必要性外，还应当有其他理由。可是，我们迄今还没有一种满足这个条件从而有某种效用的理论。我们必须为此而悲叹吗？那样就会忘记追求的目标是什么了；这不是机械论；真正的、唯一的目的是统一性。

因此，我们必须节制我们的奢望；让我们不要力图阐述力学说明吧；让我们以表明我们总是能够找到我们所希望的说明为满足吧。在这方面，我们是成功的；能量守恒原理仅仅得到确认；第二个原理即最小作用原理终于参与其中，处于适合于物理学的形式之下。至少就服从拉格朗日（Lagrange）方程即力学最普遍定律的可逆现象而言，它也总是被证实。

不可逆现象就更难对付了。可是，这些现象也正在被协调，并逐渐趋向于统一；在我们看来，照亮它们的光明来自卡诺原理。长期以来，热力学正是专门研究物体的膨胀和它们的状态变化。过去一段时间，它变得更大胆了，而且显著地扩大了它的范围。我们把伽伐尼电池组理论和热电现象理论都归功于它；在整个物理学中,没有它不去探索的角落,而且它也钻研化学本身。

相同的定律统治着每一个地方;在各种外观下,处处可以再次发现卡诺原理;处处也可以发现熵这个如此异常抽象的概念,它像能量概念一样普遍,而且像能量一样好像隐匿着实在。辐射热以往似乎注定逃脱它;但是在最近,我们看到辐射热也服从相同的定律。

在这方面,又向我们揭示出新的类似,这些类似常常可以追溯到细节;欧姆(Ohm)电阻类似流体的黏滞性;滞后现象更类似于固体的摩擦。在所有案例,摩擦好像是各种各样的不可逆现象复制出的模型,这种亲缘关系是实在的、深刻的。

关于这些现象,人们也曾找过严格意义上所谓的力学说明。这些现象本身几乎不屈从它。要找到它,必须假定不可逆性仅仅是表观的,基本现象是可逆的,而且服从已知的动力学定律。但是,要素为数极多,而且越来越混在一起,以致在我们粗糙的眼光看来,一切似乎都趋向于均一,即每一事物都向同一向指前进,而没有返回的希望。因此,表观的不可逆性仅仅是大数定律的结果。但是,只有具有无限敏锐感官的生物,像虚构的麦克斯韦妖,才能够解开这团乱麻,使宇宙的进程倒过来。

这个依附于气体运动论的概念花费了巨大的努力,总的说来却不是富有成果的;但它可以变得富有成果。这不是审查它是否导致矛盾、是否与事物的真正本性一致的场合。

不管怎样,我们把古伊(Gouy)先生关于布朗(Brown)运动的有独创性的观念讲一讲。在这位科学家看来,这种奇异的运动可能背离卡诺原理。那些处于振动的粒子比如此致密的细丝的网络还要小;因此,它们可能适于解开那团乱麻,从而使世界逆行。我们几乎可以看到麦克斯韦妖正在起作用呢。

总而言之,原先已知的现象越来越合适地被分门别类,但是新现象也来索要它们的位置;其中大多数,像塞曼效应,立即就找到了位置。

然而,我们还有阴极射线、X射线、铀射线和镭射线。这里有一个人们未曾料到的完整世界。多少不速之客必须在此暂留呢!

还没有人能预见它们将要占据的位置。可是,我不相信它们将消灭这普遍的统一性;我想它们将进一步完善它。事实上,新辐射好像与发光现象相关联;它们不仅激发荧光,而且有时在与之相同的条件下它们也发出荧光。

它们与在紫外光的作用下产生电火花的原因也不是没有亲缘关系的。

最后,尤其是,人们认为在所有这些现象中可以找到真实的离子,这些离子确实是由比在电解液中大得不可比拟的速度激励的。

这都是十分模糊的,但是将来都会变得比较精确。

磷光、光对电火花的作用,这些现象曾经是相当孤立的领域,从而被研究者多少忽视了。现在,人们可望建设一条新路线,使它们与科学其他领域的联络更为便利。

我们不仅发现新现象,而且在我们认为已经知道的现象中,未曾预见的样态本身也显露出来。在自由以太中,定律依然保持它们庄严的简单性;但是,严格意义上所谓的物质似乎越来越复杂;人们就它所说的一切永远只不过是近似的,而我们的公式每时每刻都要求新项。

然而,框架未被打破;在我们曾认为是简单的客体中我们已辨认出的关系,当我们知道了它们的复杂性时,它们在这些相同的客体中还继续存在着,唯有这一点是重要的。的确,为了更紧密地包容自然界的复杂性,我们的方程变得越来越复杂;但是,容许相互推导这些方程的关系却丝毫没有变化。简而言之,这些方程的形式依然如故。

以反射定律为例:菲涅耳已用简单而富有魅力的理论建立了反射定律,实验似乎确认他的理论。自那时以来,更精密的研究证明,这种证实只不过是近似的;这些研究处处显示出椭圆偏振的迹象。但是,由于一级近似给予我们的帮助,我们立即找到这些异常的原因,这就是转变层的存在;菲涅耳的理论在它的本质方面依然不变。

可是,还有一个我们不能不进行思考的问题:如果人们起初就怀疑所有这些关系所关联的客体的复杂性,那么它们依然不会被察觉。长期以来就有人说过:假使第谷有精确十倍的仪器,那就既不会有开普勒或牛顿,永远也不会有天文学。当观察手段已经变得十分完善时,一门科学诞生得太迟是一件不幸的事。今天物理化学的情况就是这样;它的奠基者们在普遍把握中受到第三位和第四位小数的困扰;所幸的是,他们都是具有坚定信仰的人。

人们对物质的特性了解得越充分,就越是看到连续性处于统治地位。自从安德鲁斯(Andrews)和范·德·瓦尔斯(Van der Waals)的工作之后,我们才获得了从液态如何过渡到气态以及它们的过渡并非突然的观念。同样地,在液态和固态之间也没有鸿沟,在最近一次会议的会议录中,我们同时看到了关于液体刚性的研究成果和关于固体流动的专题论文。

　　由于这种趋势,简单性无疑丧失了;从前用几条直线表示的一些现象,现在必须用多少有点复杂的曲线把这些直线连接起来。作为补偿,却显著地获得了统一性。这些被割裂的范畴使心智受到安慰,但它们并不能使心智满足。

　　最后,物理学方法已经侵入新领域,即化学领域;物理化学诞生了。它还很年轻,但是我们已经看到,它将能使我们把诸如电解、渗透作用和离子运动这样的现象关联起来。

　　从这一仓促的讲解中,我们会得出什么结论呢?

　　总而言之,我们已趋近统一了;我们并未像50年前希望的那般迅速,我们也没有总是采取预定的道路;但是,我们却比以往任何时候赢得了如此之多的地盘。

第十一章　概率演算

在这里查明关于概率演算的思想，无疑会使人感到惊讶。它与物理科学的方法有什么关系呢？可是，我要提出而不去解决的问题自然地呈现在正在思考物理学的哲学家的面前。正是针对这一情况，我在前两章常常不得不使用"概率"和"偶然性"的词汇。

正如我在上面已经说过的："预见的事实只能是可几的。一个预见在我们看来不管建立得可能多么牢固，我们从来也没有绝对保证，实验不会否证它。然而，其概率往往是很大的，以致我们实际上可以满意它。"稍后，我又补充说，"看看简单性的信念在我们的概括中起了什么作用。我们已在为数众多的特例中证实了简单的定律；我们拒不承认这种如此经常重复的一致只能是偶然性的结果，……"

这样，在许多境况下，物理学家与只盼望机遇的赌徒处在同一位置上。他像运用归纳推理一样，也常常或多或少有意识地需要概率演算，这就是我不得不引入插话、中断我们的物理学方法研究的原因，以便稍为比较仔细地审查一下这种演算的价值以及相信它有什么好处。

概率演算这个名字本身就是一个悖论。与确定性相对的概率是我们不知道的东西，我们如何能够演算我们不知道的东西呢？

可是，许多著名的学者已经从事这种演算，而且不能否认，科学从中获得了不少好处。

我们如何能够说明这个表观上的矛盾呢？

概率被定义了吗？它到底能够被定义吗？如果不能定义，那我们怎么敢针对它进行推理呢？人们将说，这个定义是很简单的：一个事件的概率是有利于这个事件的个例数与可能的个例总数之比。

一个简单的例子将表明，这个定义是多么不完善。我掷出两个骰子。要使这两个中的一个至少出现六点的概率是多少？每一个骰子能够显示出六个不同的点；可能的个例数是 $6 \times 6 = 36$；有利的个例数是 11；概率是 $11/36$。

这是正确的答案，但是，难道我不可以同样说：两个骰子上现出的点能够形成 $6 \times 7/2 = 21$ 种不同的组合吗？在这些组合中，6个是有利的；概率是 $6/21$。

现在，为什么第一种枚举可能个例的方法比第二种合理呢？

无论如何，这不是我们的定义所能告诉我们的。

因此，我们只好用下述说法完善我们的定义："一个事件的概率是有利于这个事件的个例数与可能的个例总数之比，倘若这些个例同样是概然的话。"这样一来，我们便被迫用概然定义概然了。

我们怎么能够知道，两个可能个例同样是概然的呢？这难道是依据约定吗？如果我们在每个问题的开头都放一个明晰的约定，那可就好了。于是，除了应用算术和代数法则以外，我们将无事可做，而且我们将完成我们的演算，我们的结果毫无怀疑的余地。但是，如果我们希望稍微应用一下这个结果，那么我们必须证明我们的约定是合理的，于是我们将发现我们恰恰面临着我们企图回避的困难。

人们能说健全的感官足以向我们表明应该采纳什么约定吗？哎呀！贝尔特朗德(Bertrand)先生为了自娱而讨论了下述的简单问题："圆的弦可比内接正三角形之边大的概率是多少？"这位杰出的几何学家相继采纳了健全的感觉似乎同样都能说出的两个约定，他发现一个概率是1/2，另一个概率是1/3。

似乎从所有这一切就能断言，概率演算是一门无用的科学，而且我们必须怀疑这种模糊的本能，可是我们刚才还称其为健全的感觉，并习惯于求助它来证明我们的约定是合理的呢。

但是，我们也不能赞成这个结论；没有这种模糊的本能，我们便无从做起。没有它科学则是不可能的，没有它我们既不能发现定律又不能应用定律。例如，我们有权利阐述牛顿定律吗？毋庸置疑，许多观察都与它相符；但这不是偶然性的简单结果吗？此外，这个定律几个世纪以来都为真，我们怎么知道它明年是否还将为真呢？对于这个异议，你会感到无从回答，除非说："那是极其不可能的。"

但是，姑且承认这个定律吧。依靠它，我自信我自己能够计算从现在起一年后土星的位置。我有权利相信这一点吗？谁能够告诉我，在从现在到那时这段时间内，一个以极大速度运动的巨大质量不会通过太阳系附近，从而产生未预见到的扰乱呢？在这里，只能再一次回答："那是极其不可能的。"

从这种观点来看，全部科学只可能是概率演算的无意识的应用而已。谴责这种演算就是谴责整个科学。

在有些科学问题上，插入概率演算是比较明显的，我将稍微详述一下。在这些问题的最前沿有内插法问题,在内插法中,已知一定数目的函数值,我们企图猜测中间值。

我同样要提到著名的观察误差理论,我以后还要提及它;气体运动论这个众所周知的假设假定,每一个气体分子都描绘出极复杂的轨道;但是,由于大数的效果,唯一可观察的平均现象服从马略特和盖-吕萨克(Gay-Lussac)的简单定律。

所有这些理论都建立在大数定律的基础上,概率演算显然会毁坏它们。的确,它们只有特殊的利益,除了涉及内插法外,这些都是我们心甘情愿付出的牺牲。

但是,正如我上面说过的,可以受到怀疑的也许不仅仅是这些部分的牺牲;整个科学的合法性恐怕将受到挑战。

我确实知道有人可能会说:"我们是无知的,可是我们必须行动。为了行动,我们无暇全力以赴地进行充分的调查,以消除我们的无知。况且,这样的调查也需要无数的时间。因此,我们必须在未知之前作决定;不论成功与否,我们不得不这样做,我们必须在不完全相信这些法则的情况下遵循它们。我知道的并不是某一事物是真实的,不过在我看来,最好的方针就是权当它是真实的而行动。"从那时起,概率演算从而科学本身都只有实际的价值了。

不幸的是,困难并没有因此而消失。赌徒想一举获胜;他询问我的意见。如果我向他提出建议,那么我要运用概率演算,但是我不能保证成功。这就是我所谓的**主观概率**。在这个个案中,我必须满足于我刚才给出梗概的说明。但是,假定一观察者在赌博现场,他记下各盘的输赢,赌博继续了很长时间。当他汇总他的记录时,他将发现,事件的发生与概率演算的规律一致。这就是我所谓的**客观概率**，正是这个现象必须加以说明。

有许多保险公司应用概率演算法则，它们把红利分给它们的股东，这些红利的客观实在性是无可辩驳的。乞灵于我们的无知和行动的必要性不足以说明它们。

因此，绝对的怀疑论是不可接受的。我们可以怀疑，但是我们不能整个儿宣布不适用。有必要进行讨论。

Ⅰ．概率问题的分类。为了把所呈现的关于概率的问题恰当地加以分类，我们可以从许多不同的观点考察它们，首先从**普遍性的观点**考察它们。我在上面已经说过，概率是有利个例数与可能个例数之比。由于没有较好的名词，我所谓的普遍性将随着可能个例数增加。这个数可以是有限的，例如我们掷一局骰子，其中可能个例数是 36。这是一次普遍性。

但是，例如我们要问，圆内的点在内接正方形内的概率是多少，那么圆内有多少点便有多少可能个例，也就是说有无限多可能个例。这是二次普遍性。普遍性还能够向前推进。我们可以问函数将满足给定条件的概率。于是，人们能设想出多少不同的函数，就有多少可能个例。这是三次普遍性，例如当我们企图寻找与有限的观察数相符合的最概然的定律时，我们就上升到三次普遍性了。

我们可以使自己站在完全不同的观点上。如果我们不是无知的，那就不会有概率，无非为确定性留下了位置。但是，我们的无知不能是绝对的，因为那样根本就不会再有任何概率，由于甚至要达到不确定的科学，还需要一点光明才行。因此，概率问题可以按照这种无知的或深或浅来进行分类。

在数学中，我们甚至可以提出概率问题。从对数表中随意取出的对数的第五位小数是 9，其概率若何？可以毫不犹豫地回答，这个概率是 1/10；在这里，我们具有该问题的所有数据。我们不用求助对数表就能够计算我们的对数，但我们不想去自找麻烦。这是第一级无知。

在物理科学中，我们的无知变得更大。一个系统在给定时刻的状态取决于两件事：它的初始状态和状态变化所依据的定律。如果我们知道这个定律和这个初始状态，那么我们将有一个待解决的数学问题，我们又落回到第一级无知上。

但是，常常会发生这种情况：我们知道定律，却不知道初始状态。例如，可以问小行星目前的分布如何？我们知道，自古以来，它们服从开普勒定律，但是我们不知道它们的初始分布是什么。

在气体运动论中，我们假定气体分子沿直线轨道运动，并服从弹性体碰撞定律。但是，因为我们不知道它们的初始速度，所以我们也不知道它们现在的速度。

概率演算只能使我们预言由这些速度组合将要引起的平均现象。这是第二级无知。

最后，不仅初始条件，而且定律本身都可能是未知的。这样，我们便达到第三级无知，至于现象的概率，一般说来，我们根本不再能肯定任何东西。

人们往往不是借助或多或少的关于定律的不完善的知识试图猜测事件的，事件可能是已知的，我们想去寻找定律；或者，我们不是由原因推导结果，而是希望从结果推导原因。这些是所谓的**原**

因概率问题,从它们的科学应用的观点来看是最有趣的。

我和一位先生玩纸牌游戏,我知道他是很诚实的。他正准备发纸牌。他翻出王牌的概率是多少? 是 1/8。这是结果概率的问题。

我和一位不相识的先生玩牌。他发了十次牌,而翻出六次王牌。他是骗子的概率是多少? 这是原因概率中的问题。

有人可能会说,这是实验方法的基本问题。我观察到 x 的 n 个值和相应的 y 值。我发现,后者与前者之比实际上是常数。这里有一个事件,其原因何在呢?

大概存在着 y 与 x 成比例的普遍定律吧,大概小小的发散是由于观察的误差吧? 这是人们正在不断询问的一种类型的问题,每当我们从事科学工作时,我们都在无意识地解决它。

现在,我将把这些不同范畴的问题提出来加以评论,同时依次讨论我上面所谓的主观概率和客观概率。

Ⅱ. **数学中的概率**。自从 1882 年以来,求圆面积的不可能性已被证明;但是,即使在那时之前,所有几何学家都认为,这种不可能性是如此之"可能(概然)",以致科学院不经审查,就抛弃了一些不幸的狂人每年递交的关于这个课题的论文,哎呀,这些论文可真是太多了!

科学院错了吗? 显然不是这样,它清楚地知道,这样做不会冒一点扼杀重大发现的危险。科学院不可能证明它是对的,但它十分清楚地了解,它的本能不会犯错误。假使你要问科学院院士,他们会回答说:"我们曾作过比较,是无名学者能够解决长期努力依然悬而未决的问题的概率大,还是地球上多了一个狂人的概率大;在我们看来,第二个概率好像比较大。"这些是十分充足的理由,但它们毫无数学根据,它们纯粹是心理的理由。

如果你再进一步追问他们,他们会补充道:"你为什么要假定超越函数的特别值是代数数呢? 如果 π 是一个代数方程的根,你为什么要假定这个根是函数 $\sin 2x$ 的周期,而同一方程的其他根则又不然呢?"总而言之,他们要求助于以模糊形式出现的充足理由律。

然而,他们能够从中推出什么呢? 至多不过推出它们时代使用的行为规则,与其阅读激起他们合理怀疑的学究式的文章,倒不如把时间花在日常工作上更有用。但是,我上面所谓的客观概率与这里的第一个问题毫无共同之处。

至于第二个问题,则是另外的样子。

考虑一下我在对数表中找出的头 10 000 个对数。在这 10 000 个对数中,我随意取出其中之一。它的第三位小数是偶数的概率是多少?你将毫不犹豫地回答是 1/2;事实上,如果你在对数表中挑出这 10 000 个数的第三位小数,你将发现偶数和奇数几乎一样多。

或者,如果你乐意的话,让我们写出与 10 000 个对数对应的 10 000 个数来;若相应的对数的第三位小数为偶数,则这些数中的每一个是 +1,若为奇数,则是 -1。接着,取这 10 000 个数的平均值。

我会毫不迟疑地说,这 10 000 个数的平均值大概是 0,如果我实际去计算它,我便可以核验它是极小的。

　　但是,即使这一核验也是不需要的。我可以严格地证明,这个平均值小于 0.003。为了证明这个结果,我不得不作相应冗长的演算,这里没有它的篇幅,为此我只好引用我在 1899 年 4 月 15 日的《科学总评论》上发表的一篇文章。我希望引起注意的唯一之点如下:在这一演算中,我只应需要把两件事实作为我的个例的基础,也就是说,对数的一阶导数和二阶导数在所考虑的区间内依然处在某些极限之间。

　　因而,这是一个重要的结果,即该性质不仅对对数为真,而且对任何连续函数也为真,由于每一个连续函数的导数都是有限的。

　　如果我预先确定了这个结果,首先是因为我就其他连续函数常常观察到类似的事实;其次,是因为我在心里以或多或少的无意识的和不完善的方式做过推理,这种推理能使我得出前面的不等式,正如一位娴熟的演算能手,在做完乘法之前,总能考虑到它大约是多少了。

　　此外,由于我所谓的我的直觉只不过是真实推理片断的不完善的概要,这就明白了观察为何能确认我的预见,客观概率为何与主观概率一致。

　　我将选择下述问题作为第三个例子:随便取一个数 u,n 是一个给定的很大的整数。$\sin nu$ 的概值(probable value)是什么? 这个问题独自毫无意义。为了使它有意义,就需要约定。我们**将公认**,数 u 处在 a 和 $a+da$ 之间的概率等于 $\phi(a)da$;因此,它与无限小区间 da 成比例,而且等于这个区间与仅依赖于 a 的函数 $\phi(a)$ 之积。至于这个函数,我可以任意选择它,但是我必须假定它是连续的。当 u 增加 2π 时,$\sin nu$ 的值依然相同,因此我可以在不失去普遍性的情况下设想，u 处在 0 与 2π 之间，这样我便有可能假定，$\phi(a)$ 是周期函数，其周期是 2π。

所求的概值可以方便地用单积分表示，很容易证明，这个积分小于

$$2\pi M_k/n^k,$$

M_k 是 $\phi(u)$ 的 k 阶导数的极大值。于是我们看到，如果 k 阶导数是有限的，那么当 n 无限增加时，我们的概值将趋于 0，而且比 $1/n^{k-1}$ 更快地趋于 0。

因此，当 n 很大时，$\sin nu$ 的概值是零。要定义这个值，我需要约定；但是，**无论约定可能是什么**，其结果总是相同的。在假定函数 $\phi(a)$ 是连续的和周期的时，我只是给我自己强加了很少的限制，这些假设是如此自然，以致我们可以自问，如何能够避免它们。

通过对前述三个在各方面如此不同的例子的审查，已经使我们一方面瞥见到哲学家所谓的充足理由律是什么，另一方面瞥见到对所有连续函数都是共同的某些性质这一事实的重要性。研究物理科学中的概率将导致我们得到同一结果。

Ⅲ．物理科学中的概率。我现在来到与我们所谓的第二级无知有关的问题上，也就是说，在这些问题中，我们知道定律，但不知道系统的初始状态。我能增加许多例子，但只想举一个。在黄道带上，小行星目前可能的分布如何？

我知道它们服从开普勒定律。我们甚至根本不用改变问题的性质就可以假定，它们的轨道都是圆的，并且处在同一平面上，我们知道这个平面。另一方面，谈到它们的初始分布，我们却一无所

知。不过,我们却毫不犹豫地断定,它们的分布现在几乎是均匀的。为什么呢?

设 b 是小行星在初始时刻的黄经,也就是说,初始时刻是零。设 a 是它的平均运动。它在目前时刻,即在 t 时刻的黄经将是 $at+b$。说目前的分布是均匀的,也就是说 $at+b$ 的倍数的正弦和余弦之平均值是零。为什么我们肯定这一点呢?

让我们用平面上的一点来代表每一个小行星,也就是说,用其坐标恰恰是 a 和 b 的点来代表。这一切表示点将被包括在该平面的某一区域内,但是当点很多时,这个区域看来好像布满了点。关于这些点的分布,我们一无所知。

当我们想把概率演算用于这样的问题时,我们怎么办呢? 在该平面的某一部分可以找到一个或多个表示点的概率是多少? 由于我们无知,我们只好做任意的假设。为了说明这个假设的性质,请容许我利用粗糙的但却是具体的图像,以代替数学公式。让我们设想,在我们平面的表面上,铺一层虚构的实物,其密度是可变的,但却是连续地变化的。然后我们一致说,在该平面一部分上找到表示点的概数(probable number)与在那里找到的虚构的物质之量成比例。因此,如果我们在该平面上有相同范围的两个区域,那么在这一区域或那一区域找到一个小行星的表示点的概率将与在这一区域或那一区域虚构物质的平均密度彼此一样。

于是,这里有两种分布:一种是实的,其中表示点很多、十分密集,但却像原子假设中的物质分子一样是离散的;另一种远离实在,其中我们的表示点被连续的虚构物质代替。我们知道,后者不能是实在的,但是我们的无知迫使我们采纳它。

倘若我们还有关于表示点的真实分布的某些观念的话，我们就可以这样排列它，使得在某范围的一个区域中，这种虚构的连续物质的密度几乎与表示点的数目成比例，或者，如果你愿意的话，也可以说与包括在那个区域中的原子数成比例。甚至这也是不可能的，我们的无知太厉害了，以致我们被迫任意选择函数，来定义我们的虚构物质的密度。我们将只受我们几乎不能避免的假设的限制，我们可以假定这个函数是连续的。正如我们将要看到的，这能够充分地使我们得出结论。

小行星在时刻 t 的概然分布是什么？或者确切地讲，黄经在时刻 t 的正弦，即 $\sin(at+b)$ 的概值是多少？起初我们做出了任意的约定，但是我们若采用它，则这个概值就完全确定了。把平面分成面元。考虑 $\sin(at+b)$ 在每一个面元中心的值；把这个值乘以面元的面积和虚构物质的相应密度。然后，取该平面所有面元之和。按照定义，这个和将是我们所求的平均概值，它是用二重积分表示的。人们乍看起来可能认为，平均值取决于定义虚构物质密度的函数的选择，由于这个函数 ϕ 是任意的，按照我们所做的任意选择，我们能够得到任何平均值。但这并非如此。

简单的演算表明，当 t 增加时，我们的二重积分急剧地减小。因此，我完全无法告诉，关于这个或那个初始分布的概率，我们能做什么假设；但是，不论作什么假设，结果将是相同的，这使我摆脱了我的困难。

无论函数 ϕ 是什么，当 t 增加时，则平均值趋于零，而且由于小行星肯定已完成了极大次数的旋转，所以我可以断言，这平均值是很小的。

我可以像我希望的那样选择 ϕ，不过总有一个限制：这个函数必须是连续的；而且，事实上，从主观概率的观点来看，选择非连续函数也许是不合理的。例如，我会有什么理由假定，初始黄经必须严格为 $0°$，而不能处在 $0°$ 和 $1°$ 之间呢？

但是，如果我们采用主观概率的观点，如果我们从我们设想的虚构物质是连续的分布过渡到我们的表示点在其中仿佛形成分立的原子那样的真实分布，那么困难就出现了。

$\sin(at+b)$ 的平均值将十分简单地用

$$1/n\Sigma\sin(at+b)$$

来表示，n 是小行星的数目。作为与连续函数有关的二重积分的替代，我们将有离散项之和。可是，没有人会认真地怀疑，这个平均值实际上是很小的。

由于表示点十分密集，我们的离散和一般来说与积分的差异将是极其微小的。

当离散项的数目无限增加时，积分就是这些项之和趋近的极限。如果项很多，和与它的极限相差也很小，也就是说，与积分相差很小，我就积分所说的话对于和本身而言还将为真。

然而也有例外。例如，对于一切小行星来说，如果

$$b = \frac{\pi}{2} - at,$$

那么所有行星在时间 t 的黄经总是 $\pi/2$，其平均值显然等于 1。为使情况如此，在时刻 0 时，也许有必要让小行星都处在特殊形状的螺旋上，这个螺旋的螺纹是十分密集的。每一个人将承认，这样的初始分布是极为不可能的（而且，即使假定它实现了，这种分布在

目前,例如在 1900 年 1 月 1 日,也不会是均匀的,但是在几年后,它却会变均匀)。

可是,我们为什么认为这种初始分布不可能呢?这是必须说明的,因为我们若没有理由把这个怪诞的假设作为不可能的而加以拒绝,那么一切都会毁坏的,而且我们再也不能就某个目前分布的概率做出任何断言了。

我们将再次求助充足理由律,我们总是必须重新提起它。我们应该承认,开始时行星几乎分布在一条直线上。我们应该承认,它们是不规则分布的。但是,在我们看来,似乎没有充足的理由认为,某种未知的原因引起它们沿着如此规则却又如此复杂的曲线运行,这仿佛是特意如此选择的,从而使得目前的分布不可能均匀。

Ⅳ. 红与黑。像轮盘赌这样的机遇游戏所产生的问题,基本上与我刚才论述的问题完全类似。例如,把一个轮盘分为极多的红黑相间的等分。用力使指针旋转,在转了许多圈之后,它停在这些分格之一上。这个分格是红的概率显然是 1/2。指针旋转的角度为 θ,且包括几个整圈。用这样的力转动指针,使这个角度必须处于 θ 与 $\theta+d\theta$ 之间,我不知道其概率是多少;但是,我能够做出约定。我可以假定,这个概率是 $\phi(\theta)d\theta$。至于函数 $\phi(\theta)$,我能够以完全任意的方式选择它。在我选择时,没有什么东西能够指导我,但是我自然地被导致假定这个函数是连续的。

设 ε 是每一个红分格和黑分格的长度(在半径为 1 的圆周上测量)。我们必须计算 $\phi(\theta)d\theta$ 的积分,一方面把它扩大到所有红分格,另一方面把它扩大到所有黑分格,并把结果进行比较。

考虑区间 2ε,它包括红分格和接着它的黑分格。设 M 和 m 是函数 $\phi(\theta)$ 在这个区间的最大值和最小值。扩大到红分格的积分将小于 ΣM_ε;扩大到黑分格的积分将大于 Σm_ε;因此,二者之差将小于 $\Sigma(M-m)\varepsilon$。但是,如果假定函数 θ 是连续的;此外,如果区间 ε 相对于指针旋转过的总角度来说很小,那么差 $M-m$ 将是很小的。因此,两个积分之差将很小,概率将十分接近 1/2。

我们看到,在对函数 θ 一无所知的情况下,我必须像概率是 1/2 那样去行动。另一方面,如果我使自己站在客观的观点上观察若干次,那么我理解,为什么观察使我得到红的次数与黑的次数大约一样多。

所有的赌博者都知道这个客观规律;但它却使他们陷入了值得注意的错误之中,这种错误虽则常常被揭露出来,但他们总是一再堕入其中。例如,当红的连赢六次时,他们押在黑的上,以为他们这回准胜;他们说,因为红的连赢七次是十分稀少的。

实际上,他们获胜的概率依然是 1/2。的确,观察表明,七个接连红的系列是十分稀少的,但是六个红接着一个黑的系列同样是十分稀少的。

他们注意到七个红的系列是罕有的;如果他们没有看到六个红和一个黑的稀罕,那只是因为这样的系列没有引起注意。

Ⅴ. **原因概率**。现在我们开始谈谈原因概率问题,从科学应用的观点来看,这是最重要的问题。例如,两个恒星在天球上十分接近。这种表观的接近仅仅是偶然性的结果吗?这些恒星虽然几乎在同一视线上,但它们处在与地球极其不同的距离、从而相互之间十分遥远吗? 或者,这种表观的接近也许与实际的接近是一致的? 这是原因概率的问题。

我首先想起,在迄今我们关注的结果概率的所有问题开始,我们总是必须做出或多或少被证明是合理的约定。在大多数个案中,如果结果在某种程度上不依赖于这个约定,这仅仅是因为某些假设容许我们先验地排除不连续函数,或者比如说,排除某些荒谬的约定。

当我们处理原因概率时,我们将会发现某些类似的东西。一个结果可以由原因 A 或原因 B 产生。该结果刚刚被观察到了。我们要问它由原因 A 产生的概率。这是**后验**的原因概率。但是,如果没有或多或少被证明是合理的约定**预先**告诉我,原因 A 开始起作用的先验的概率是多少,那么我就不能计算后验的原因概率;我意指对于某个没有观察到该结果的人而言的这个事件的概率。

为了说明得更清楚,我回到上面提到的玩纸牌游戏的例子。我的对手首先发牌,他翻出王。他是骗子的概率是多少? 通常讲授的公式给出 8/9,结果显然是相当令人惊奇的。如果我比较仔细地检查一下结果,那么我会看到,这个演算仿佛**在我坐到桌旁之前**就做过了,我已经认为在两次机会中有一次我的对手是不诚实的。这是一个荒谬的假设,因为在此种情况下我肯定不会和他玩了,这便说明了结论的荒谬性。

关于先验概率的约定是不合理的,这就是为什么后验概率演算把我引向不能容许的结果。我们看到这个预备约定的重要性。我甚至还想补充说,如果不做预备约定,后验概率问题便毫无意义。预备约定总是必须做出的,或者直截了当地做出,或者不言而喻地做出。

再举一个更有科学特点的例子。我想决定一个实验定律。当我了解这个定律时,它能够用曲线来描绘。我做了若干孤立的观察;其中每一个将用一点来表示。当我得到这些不同的点时,我在它们之间引一条曲线,尽可能使曲线靠近它们,可还是保持曲线的规则形状,没有角点,或者没有太急剧的弯曲,或者曲率半径没有突然的变化。在我看来,这个曲线将表示概然定律,我不仅假定它将告诉我在所观察到的值之间的中间函数值,而且假定它将给我比直接观察更精确的观察值。这就是我使曲线通过点的附近而不通过点本身的原因。

这里有原因概率的问题。结果是我记录的测量;这些结果取决于下述两个原因的组合:现象的真实定律和观察的误差。知道了结果,我们必须寻求现象服从这个或那个定律的概率以及观察受这个或那个误差影响的概率。于是,最概然定律对应于所画的曲线,而最概然的观察误差则由相应点与这个曲线的距离来表示。

但是,在任何观察之前,如果我没有形成某一定律的概率的先验观念以及我所面临的误差偶然性的先验观念,那么这个问题将毫无意义。

如果我的仪器是好的(而且我在做观察前已了解这一点),我将不容许我的曲线与表示初步测量的点偏离得太多。如果仪器不好,我可以使曲线离点稍远一些,以便得到弯曲较少的曲线;我将较多地牺牲规则性。

那么我为什么企图画一条没有曲折的曲线呢?这是因为,我先验地认为定律是用连续函数（或用其高阶导数是很小的函数）表示的，这种定律比不满足这些条件的定律更可能。没有这个信念，我们所谈的问题就没有意义；内插法就是不可能的；从有限数目的观察中无法推导出定律；科学便不会存在了。

50年前，物理学家认为，在其他情况相同时，简单的定律比复杂的定律更可能。他们甚至求助于这个原则来袒护马略特定律，反驳勒尼奥（Regnault）实验。今天，他们拒斥这个信念；可是，有多少次他们被迫像他们持有这个信念一样地去行动！不管情况怎样，这种倾向遗留下来的是对于连续性的信念，我们刚才看到，假如这个信念本身不得不消失的话，实验科学就变得不可能了。

Ⅵ．误差理论。我们就这样被导致谈误差理论，这个理论直接与原因概率问题相关。在这里，我们再次发现**结果**即若干不一致的观察，我们企图去推测**原因**，这些原因一方面是所测量的量的真值，另一方面是在每次孤立观察中所造成的误差。有必要计算每一个误差的后验可能量是多少，从而计算所测量的量的概值。

但是，正如我刚刚说明的，如果我们不先验地承认，也就是说，在所有观察之前不承认误差概率定律，那么我们就不可能知道如何着手进行这个演算。误差定律存在吗？

所有计算者承认的误差定律是高斯（Gauss）定律，它是用某一超越曲线表示的，该曲线以"钟形曲线"的名字而闻名。

不过，首先回想一下系统误差和偶然误差的经典区别是恰当的。如果我们用过长的米尺测量长度，我们将总是得到太小的数，而且测量几次也是无用的；这就是系统误差。即使我们用准确的米尺测量,但是我们也会犯错误;不过,我们有时错得多,有时错得少,当我们取多次测量的平均值时,则误差将趋于减小。这就是偶然误差。

显而易见,系统误差原来不能满足高斯定律;但是,偶然误差能满足吗?人们尝试做了大量的证明;几乎所有的证明都是粗制滥造的谬论。不管怎样,我们可以从下述假设出发证明高斯定律:所造成的误差是大量的部分误差和独立误差的结果;每一个部分误差是很小的,而且服从任何概率定律,只要正误差的概率与均等的负误差的概率相同。显然,这些条件常常能被满足,但并非总是如此,对于满足这些条件的误差来说,我们可以保留偶然误差的名称。

我们看到,最小二乘法并非在每一种个案中都是合理的;一般说来,物理学家比天文学家更怀疑它。无疑地,这是因为天文学家除了遇到与物理学家一样的系统误差以外,还必须与极重要的误差来源作斗争,这种误差来源完全是偶然的;我指的是大气波动。于是,听到物理学家和天文学家讨论观察方法是很奇怪的。物理学家使人们相信,一次好的测量比多次不好的测量更有价值,他们首先关心的是凭借预防最小的系统误差来消除误差,而天文学家对他说:"但是,你这样只能观察少数恒星;偶然误差将不会消失。"

我们应该得出什么结论呢?我们必须继续利用最小二乘法吗?我们必须识别。我们已消除了我们可以怀疑的一切系统误差;我们清楚地知道还有其他误差,不过我们无法把它们检查出来;我们必须下定决心,采用一个确定的数值,可以把它看做是概值;为此,显然最好的做法是应用高斯方法。我们只应用与主观概率有关的实际法则。在这里无须多说。

但是,我们希望更进一步,不仅肯定概值是这么多,而且肯定结果的概差是这么多。**这是绝对不合理的**;只有我们保证所有系统误差都被消除了,它才为真,但是我们对此绝对一无所知。我们有两个观察系列;应用最小二乘法则,我们发现,第一个系列的概差比第二个系列的概差小一半。不过,第二个系列可以比第一个系列好,因为第一个系列也许受到很大的系统误差的影响。我们能够说的一切就是,第一个系列**可能**比第二个系列好,由于它的偶然误差较小,我们没有理由肯定一个系列的系统误差比另一个的大,我们关于这点的无知是绝对的。

Ⅶ.结论。在前文中,我提出了许多问题,其中还没有一个解决了。可是,我并不懊悔把它们写下来,因为它们也许会引起读者对这些棘手的疑问进行思考。

不管情况怎样,其中某些方面似乎妥善地建立起来了。为了着手进行任何概率演算,进而为了使这种演算有任何意义,就必须承认假设或总是具有某种程度任意性的约定是出发点。在选择这个约定时,我们只能以充足理由律为指导。不幸的是,这个原则是十分模糊的和十分灵活的,在我们刚刚做出的粗略审查中,我们看到它采取了许多不同的形式。我们最为经常遇到的形式是对于连续性的信念,这种信念很难用无可置疑的推理去辩护,但是若没有它,整个科学也许就不可能了。最后,概率演算可以富有成效地应用的问题,是结果独立于起初所做的假设的问题,只要这个假设满足连续性条件就行。

第十二章　光学和电学

菲涅耳理论。在物理学的发展中,人们能够选择的最好例子[①]就是光理论以及它与电理论的关系。多亏菲涅耳,光学才成为物理学中得到最充分发展的一部分;所谓的波动说形成了确实使我们心满意足的一个整体。然而,我们不必向它要求它不能够给予我们的东西。

数学理论的目标并不在于向我们揭示事物的真实本性;这是没有道理的要求。它们的唯一目的是协调实验向我们揭示出的物理学定律,但是若没有数学的帮助,我们甚至不能陈述这些定律。

以太是否真正存在,并没有什么关系;这是形而上学家的事务。对我们来说,主要的事情是,一切都像以太存在那样发生着,这个假设对于说明现象是方便的。归根结底,我们有任何其他理由相信物质客体的存在吗? 那也仅仅是一个方便的假设;只是这个假设永远是方便的,而以太在某一天无疑却要被作为无用的东西抛弃。然而,即使在那一天,光学定律以及用解析法变换它们的方程依然为真,至少是一级近似。于是,研究把这一切方程联合起

[①]　这一章是我的下述两部著作的序言的部分复印:《光的数学理论》(*Théorie mathématique de la lumière*,Paris,Naud,1889)和《电和光学》(*Electricité et optique*,Paris,Naud,1901)。

来的学说将总是有用的。

波动说建立在分子假设的基础上。对于那些以为他们如此发现了在定律之下的原因的人来说，这是有利条件。对于其他人而言，这却是怀疑的理由。但是，在我看来，这种怀疑像前者的幻想一样，似乎都是不可靠的。

这些假设只起了次要的作用。人们可以牺牲它们。人们通常没有这样做，因为那样会使说明失去明晰性，但是，这是唯一的理由。

事实上，如果我们较为仔细地去观察，那么就会看到，人们只从分子假设借用了两件事：能量守恒原理和方程的线性形式，这是小运动的普遍定律，犹如一切小变化的普遍定律。

这说明了，当我们采纳光的电磁理论时，菲涅耳的大多数结论为什么依然不变。

麦克斯韦理论。我们知道，麦克斯韦用密切的结合物把直到当时还完全互不相干的物理学的两部分——光学和电学——联系起来了。由于菲涅耳的光学这样融合到更宽广的整体中、融合到更高级的和谐中，因而它依然是充满活力的。它的各部分继续有效，各部分的相互关系还是相同的。唯有我们用来描述这些关系的语言变化了；另一方面，在光学的不同部分和电学领域之间，麦克斯韦向我们揭示出以前未曾料到的其他关系。

当法国读者第一次打开麦克斯韦的书时，便觉得不大自在，甚至在起初，常常是怀疑与赞美掺和在一起。只有在经过长期了解、并花费了许多努力之后，这种情感才会消失。甚至还有一些著名人物永远不会摆脱这种感觉。

为什么我们这样难以适应这位英国科学家的观念呢？无疑地，这是因为大多数有知识的法国人所受的教育使他们预先倾向于欣赏精确性和逻辑，把它们抬高到其他一切特性之上。

在这方面，古老的数学物理学理论完全能使我们满意。我们所有的大师，从拉普拉斯到柯西（Cauchy），都是在同一道路上行进的。从明确陈述的假设开始，他们演绎出具有数学严格性的结论，然后把它们与实验比较。他们的目的似乎是把与天体力学一样的精确性给予物理学的每一个分支。

对于习惯于赞美这样的模型的心智来说，要使他对一个理论中意是很难的。他不仅不容许出现丝毫矛盾，而且要求各部分在逻辑上相互关联，要求不同假设的数目减到最小限度。

事情并没有就此而已；他还有其他要求，在我看来这似乎是不合理的。在我们感官能够达到的、实验告诉我们的物质背后，他还期望看到另外的东西，在他的眼中，唯一实在的物质只具有纯粹的几何学性质，其原子将无非是仅仅服从动力学定律的数学点而已。可是，这些原子是不可见的，而且没有颜色，由于没有意识到的矛盾，他企图去想象它们，从而尽可能近似地把它们与普通物质等同起来。

只有这样，他才会完全满意，他设想他已洞察到宇宙的秘密了。即使这种满意是骗人的，他还是很难抛弃它。

因此，在打开麦克斯韦的书时，法国人期望发现像建立在以太假设基础上的物理光学那样合乎逻辑、那样精确的理论整体；他这样就要做好失望的准备，为了使读者不致扫兴，我乐于径直地告诉他,他在麦克斯韦的书中必须寻找什么,他在那里不能寻找什么。

麦克斯韦没有对电和磁作力学说明;他只限于证明这样的说明是可能的。

他也表明,光现象仅仅是电磁现象的特例。因此,从每一种电学理论出发,人们都能够立即演绎出光理论。

不幸的是,相反的情况并不为真;从对于光的完备说明,并非总是能够容易地导出对电现象的完备说明。这是不容易的,尤其是,倘若我们希望从菲涅耳理论开始的话。毫无疑问,这不是不可能;但是,不管怎样,我们必须询问,我们是否将要被迫抛弃我们以为确定地获得的美妙结果。这好像是倒退了一步;许多心智健全的人并不甘心屈从它。

即使读者同意限制他的欲望,他还会遇到其他困难。英国科学家并不力图去建造一座最终的、井然有序的大厦;他们似乎宁可建筑大量临时的、独立的建筑物,在这些建筑物之间,交流是很困难的,有时还是不可能的。

把麦克斯韦用电介质中的压力和张力来说明电引力的那章作为一个例子吧。这章可以删去,书的其余部分并不因此而显得不清楚和不完备;另一方面,这章本身包含着完备的理论,人们不读它的上下文就能够理解它。但是,这章不仅仅独立于该书的其余部分;它也难以与该书的基本观念一致。麦克斯韦甚至没有试图使之协调;他只是说:"我未能迈出下一步,也就是说,未能对电介质中的这些应力作力学思考。"

这个例子将足以使我涣然冰释;本来我还可以引用许多其他例子。于是,在读到专论磁致旋转偏振的书页时,谁会怀疑光现象和磁现象之间存在着等同性呢？

因此，人们不要自以为他能够避免一切矛盾；人们必须顺从它。事实上，倘若人们不把两种矛盾的理论混在一起，如果人们不在它们之中寻求事物的基础，那么它们二者都可以成为有用的研究工具；假如麦克斯韦没有向我们开辟如此新颖、如此歧异的路径，也许我们在读他的书时不会受到什么启发。

然而，基本观念却因而变得不大分明了。迄今，虽然这种情况多数出现在通俗书刊中，但这毕竟是完全被撇在一边的唯一之点。

因此，我感到，最好使它的重要性突现出来，我应该说明这个基本观念在何处。可是，为此必须作简短的讨论。

物理现象的力学说明。 在每一个物理现象中，都存在着若干实验能直接达到、而且容许我们测量的参数。我将称这些参数为 q。

其次，观察告诉我们这些参数的变化规律；这些规律一般能够以微分方程的形式提出，这些微分方程把参数 q 与时间联系起来。

要给这样的现象以力学说明，必须做什么呢？

人们将试图用普通物质的运动，或者用一种或多种假想的流体来解释它。

这些流体将被认为是由为数极多的孤立的分子 m 构成的。

我们何时能说我们对现象有了完备的力学说明呢？其时机在于：一方面，要待我们知道这些假想的分子 m 的坐标所满足的微分方程式，而且这些方程必须符合动力学原理；另一方面，要待我们知道把分子 m 的坐标定义为参数 q 的函数之关系才行，这些参

数 q 是可由实验得知的。

正如我说过的,这些方程必须符合动力学原理,尤其要符合能量守恒原理和最小作用原理。

这两个原理的第一个告诉我们,总能量是常数,这个能量可以分为两部分:

1°动能或活力,它取决于假想分子 m 的质量和它们的速度,我将称其为 T。

2°势能,它仅取决于这些分子的坐标,我将称其为 U。正是两种能 T 和 U 之和是常数。

现在,最小作用原理能告诉我们什么呢? 它告诉我们,系统在从时刻 t_0 所占据的初始位置到达 t_1 所占据的最终位置时,必须采取这样的路径,以便在两个时刻 t_0 和 t_1 之间所逝去的时间间隔内,"作用"(也就是说两个能量 T 和 U 之差)的平均值将尽可能小。

如果两个函数 T 和 U 已知,这个原理足以决定运动方程。

在从一个位置到达另一个位置的所有可能的路径中,显然存在着一个路径,它使得该作用平均值比任何其他的作用平均值都要小。而且,只存在一条路径;最小作用原理正是由此足以决定所遵循的路径,从而决定运动方程。

这样,我们便得到所谓的拉格朗日方程。

在这些方程中,独立变量是假想分子 m 的坐标;但是,我现在假定,人们把实验可以直接得到的参数 q 作为变量。

因此,必须把能量的两部分表示为参数 q 和它们的导数的函数。它们显然将以这种形式出现在实验家的面前。实验家自然将力图借助他能够直接观察的量来定义势能和动能。①

　　姑且承认,系统将总是沿着平均作用最小的路径从一个位置到另一个位置。

　　现在,不管 T 和 U 是否借助于参数 q 和它们的导数表示;也不管我们是否借助那些我们规定初始位置和最终位置的参数;最小作用原理依然总是为真。

　　又在此时此处,在导致从一个位置到另一个位置的所有路径中,存在一条平均作用最小的路径,而且只存在一条。因此,最小作用原理足以决定那些规定参数 q 变化的微分方程。

　　这样得到的方程是拉格朗日方程的另一种形式。

　　为了形成这些方程,我们既不需要知道把参数 q 与假设分子的坐标联系起来的关系,也不需要知道这些分子的质量,亦不需要知道作为这些分子坐标的函数 U 的表达式。

　　我们需要知道的一切是作为参数的函数 U 的表达式、作为参数 q 及其导数的函数 T 的表达式,即作为实验材料的函数的动能和势能的表达式。

　　于是,我们将在下述两件事情中二者择一:或者对于函数 T 和 U 的适当选择,像我们刚刚所说的那样构造的拉格朗日方程将与从实验推导出来的微分方程等价;或者不存在会出现这种一致的函数 T 和 U。很清楚,在后一个案中,力学说明是不可能的。

　　力学说明是可能的**必要**条件在于,我们能够以这样的方式选

---

　　①　我补充说,U 将仅取决于参数 q,T 将取决于参数 q 和它们对于时间的导数,而且对于这些导数是二次齐次多项式。

择函数 T 和 U，以便满足最小作用原理，这也包括能量守恒原理。

而且，这个条件是**充分条件**。事实上，假定我们找到参数 q 的函数 U，它表示能量的一部分；假定能量的另一部分我们将用 T 来表示，它是参数 q 及其导数的函数，而且是关于这些导数的二次齐次多项式；最后，假定借助这两个函数 T 和 U 形成的拉格朗日方程符合实验材料。

为了从中演绎力学说明，什么是必要的呢？其必要条件是，能够把 U 看做是系统的势能，能够把 T 看做是同一系统的活力。

至于 U，没有什么困难，但是能够把 T 视为物质系统的活力吗？

很容易证明，这总是可能的，甚至可以用无穷的方式去证明。我将只限于比较详细地提一下我的著作《电和光学》的序言。

这样，如果不能满足最小作用原理，就不可能有力学说明；如果能够满足，就不仅有一种力学说明，而且有无数的力学说明，由此可得，只要有一种力学说明，就会有无数其他的力学说明。

还有一种意见。

在实验直接给予我们的量中，我们将把一些量看做是我们假想分子的坐标的函数；这些量是我们的参数 q。我们将认为其他量不仅与坐标有关，而且与速度有关，或者说与参数 q 的导数有关也一样，或者认为其他量是这些参数及其导数的组合。

于是，便出现了一个问题：在所有这些用实验测量的量中，我们选择哪一个代表参数 q 呢？我们愿意把哪一个作为这些参数的导数呢？这种选择在很大程度上依然是任意的；但是，要使力学说明是可能的，只要我们能够以符合最小作用原理的方式进行选择就足够了。

麦克斯韦当时曾经自问,他是否能做这种选择,是否能以电现象满足这个原理的方式选择两种能量 T 和 U。实验向我们表明,电磁场的能量分为两部分——静电能和电动力能。麦克斯韦注意到,如果我们把第一个视为表示势能 U,把第二个视为表示动能 T;而且,如果把导体的静电荷视为参数 q,把电流强度视为其他参数 q 的导数;那么,在这些条件下,我可以说麦克斯韦注意到电现象满足最小作用原理。从那时起,他便肯定了力学说明的可能性。

如果他在他的书的开头就说明这一观念,而不是把它放逐到第二卷的不引人注目的部分,那么大多数读者便不会忽略它。

于是,如果现象容许有完备的力学说明,那么它将容许有无数其他的力学说明,它们将会同样圆满地描述实验揭示出的所有特点。

这被物理学每一个分支的历史确认;例如,在光学中,菲涅耳相信振动垂直于偏振面;诺伊曼(Neumann)认为振动平行于偏振面。人们长期寻找一种"判决性实验",使我们能够在这两种理论之间做出裁决,但是却没有找到它。

在不离开电领域的情况下,我们可以用同样的方式断言,两种流体理论和一种流体理论二者都能以同样满意的方式阐明所有观察到的静电学定律。

幸亏我刚才回忆起的拉格朗日方程的特性,所有这些事实都可以顺利地加以说明。

现在,很容易领悟麦克斯韦的基本观念是什么了。

为了证明电的力学说明的可能性,我们不需要专心致志地寻找这个说明本身;只要知道作为能量两部分的两个函数 T 和 U 的表达式,只要用这两个函数形成拉格朗日方程,然后把这些方程与实验材料相比较,就足以使我们满意了。

在这一切可能的说明中,怎样做出没有实验帮助我们的选择呢?也许到某一天,物理学家将对那些实证方法不能达到的问题毫无兴趣,而把它们抛给形而上学家。可是,这一天尚未来到;人们不会如此轻易听命于对事物的根底永远无知。

因此,我们的选择进而只能以下述考虑为指导:在这些考虑中,个人鉴赏的部分是很大的;不过,有些答案世人都反对,因为它们太怪诞了,而另外一些答案则受到所有世人的偏爱,因为它们具有简单性。

关于电和磁,麦克斯韦避免作任何选择。这并不是他故意轻视用实证方法不能得到的一切东西;他致力于气体运动论所花的时间充分地证明了这一点。我还要补充说,尽管他在他的大作里没有提出完备的说明,但他早先在《哲学杂志》的一篇文章中曾试图给出说明。他当时不得不做假设,这些假设的奇异性和复杂性后来导致他放弃了这一说明。

同样的精神在整个著作中无处不有。基本的东西,也就是说对所有理论必定是共同的东西,已被突现出来;只能适合于特殊理论的一切几乎总是默默而过。这样,读者发觉自己面临着几乎没有内容的形式,起初他被诱使把它视为是不可捉摸的、飘忽不定的影子。但是,他的艰难尝试被宣布为劳而无功,这迫使他进行思考,他终于弄明白,在他以前只是感到奇怪的理论结构中,往往有相当人为的成分。

第十三章　电动力学

从我们的观点来看,电动力学的历史特别富有教益。

安培(Ampère)曾给他的不朽著作冠以《唯一建立在实验之上的电动力学现象的理论》这一题目。因此,他以为他**没有**做假设,但是正如我们马上将要看到的,他做了假设;只是他毫无意识地做了假设而已。

另一方面,他的后继者却察觉到这些假设,因为安培解答中的弱点引起了他们的注意。他们做了新的假设,这时他们已充分地意识到了;但是,在达到今天的经典体系之前,人们不知把假设必须改变多少次了,即使该体系,也许还不是最终的;这就是我们将要看到的东西。

Ⅰ.**安培理论**。当安培在实验上研究电流的相互作用时,他用闭合电流、而且只能用闭合电流进行。

这并不是他否定开路电流的可能性。如果两个导体带有正电和负电,用导线把它们连接起来,那么电流就从一个导体流到另一个导体,一直持续到两个电势相等为止。按照安培时代的观念,这就是开路电流;人们知道电流从第一个导体流向第二个导体,而没有看到电流从第二个导体流回第一个导体。

于是,安培把具有这种性质的电流看做是开路电流,例如电容器放电电流;但是,他不能使开路电流成为他的实验对象,因为这种电流的持续时间太短了。

也可以设想另一种开路电流。我假定用导线 AMB 把两个导体 A 和 B 连接起来。首先,运动的小传导质量开始与导体 B 接触,从 B 获得电荷,接着与 B 脱离接触并沿着 BNA 路线运动,由它们输运着电荷,再开始与 A 接触并把电荷传给 A,然后沿导线 AMB 流回 B。

这在某种涵义上是闭合电流,因为电沿闭合电路 $BNAMB$ 流动;但是,这种电流的两部分是截然不同的。在导线 AMB 中,电是通过固定的导体移动的,它像伏打(Volta)电流一样,要克服欧姆电阻并放出热量;我们说,它是通过传导移动的。在 BNA 部分,电由运动着的导体携带着;它可以说是通过运流移动的。

于是,如果把运流电流看做完全类似于传导电流,则电路 $BNAMB$ 是闭合的;相反地,如果运流电流不是"真实电流",比如对磁铁不起作用,那就只剩下传导电流 AMB,它是开路电流。

例如,如果我们用导线把霍耳兹(Holtz)起电机的两个电极连接起来,那么带电的转盘通过运流把电从一个电极输运到另一个电极,电又通过导线的传导返回第一个电极。

但是,这种电流很难产生出可观的强度。用安培的处理手段,我们可以说这是不可能的。

总而言之,安培可以设想存在着两类开路电流,但是他无法操作二者,或者是因为它们不够强,或者是因为它们持续时间太短。

因此,实验只能向他表明闭合电流对闭合电流的作用,或者更准确地讲,是闭合电流对一段电流的作用,因为人们可使电流流过由运动部分和固定部分构成的闭合电路。于是,有可能研究运动部分在另一闭合电流作用下的位移。

另一方面,安培没有办法研究开路电流对闭合电流的作用,或者对另一开路电流的作用。

1. 闭合电流的个案。在两个闭合电流相互作用的个案中,实验向安培揭示了异常简单的定律。

在这里,我迅速地回忆起以后将对我们有用的定律。

1°如果电流强度保持不变,如果两个电路在经历了无论什么形变和位移之后,最终回复到它们的初始位置,那么电动力作用的总功将为零。

换句话说,存在着两电路的**电动力学势**,它与电流强度之积成比例,而且依赖于电路的形状和相对位置;电动力学作用的功等于这个电势的变化。

2°闭合螺线管的作用是零。

3°电路 C 对另一个伏打电路 C' 的作用只取决于这个电路产生的"磁场"。事实上,在空间的每一点,我们都能够规定具有一定大小和方向的力,这种力被称为**磁力**,它具有下述特性:

(a) C 施加在磁极上的力作用于该极,它等于磁力乘以这个极的磁质量;

(b) 极短的磁针倾向于磁力的方向,它倾向于变成的力偶与磁力、磁针的磁矩和磁针的磁倾角的正弦成比例;

(c) 如果移动电路 C,那么 C 施加在 C' 上的电动力作用所做的功将等于通过该电路的"磁力流"的增量。

2. 闭合电流对一段电流的作用。安培未能产生严格意义上所谓的开路电流,他只有一种方法研究闭合电流对一段电流的作用。

这是对电路 C 操作的,该电路由两部分构成:一部分是固定的,另一部分是可动的。例如,可动部分是一个可动导线 $\alpha\beta$,其末端 α 和 β 能够沿固定导线滑动。在可动导线的一个位置上,α 端处在固定导线的 A 点,β 端处在固定导线的 B 点。电流从 α 向 β 环流,也就是说,沿可动导线从 A 流到 B,然后沿固定导线从 B 返回 A。**因此,这个电流是闭合的。**

在第二个位置上,可动导线滑动了,α 端处于固定导线的另一点 A',β 端处于固定导线的另一点 B'。然后电流从 α 到 β 环流,也就是说,沿可动导线从 A' 流到 B',此后总是沿着固定导线从 B' 流回 B,接着从 B 到 A,最后从 A 到 A'。因此,电流也是闭合的。

如果同样的电流受到闭合电流 C 的作用,那么可动部分将发生位移,恰如它受到力的作用一样。安培这样**设想**,这个可动部分 AB 似乎受到的表观力表示 C 对于电流 $\alpha\beta$ 部分的作用,它与终止在 α 和 β 的开路电流通过 $\alpha\beta$、而不是闭合电流通过 $\alpha\beta$ 时所受的力相同,而闭合电流在到达 β 之后,还要通过电路的固定部分返回 α。

这个假设好像是十分自然的,是安培无意识地做出的;不过,**它并不是必要的**,因为我们进而将要看到,亥姆霍兹反对它。然而不管怎样,这个假设容许安培阐明闭合电流对于开路电流、甚或对于电流元作用的定律,虽然安培永远未能产生开路电流。

该定律是简单的:

1° 作用在电流元上的力施加在这个元上;它与电流元和磁力垂直,且与垂直于电流元的磁力的分量成比例。

2°闭合螺线管对于电流元的作用是零。

但是,电动力学势消失了,也就是说,当其强度保持不变的闭合电流和开路电流流回它们的初始位置时,则总功不是零。

3. 连续转动。在电动力学实验中,最引人注目的实验是产生连续转动的实验,有时也称其为**单极感应**实验。磁铁可以绕它的轴转动;电流先通过固定导线,经由 N 极进入磁铁,例如流过一半磁铁,再由滑动触点流出,重新流进固定导线。

于是,磁铁开始连续不断地转动,永远也不能达到平衡;这是法拉第的实验。

这怎么可能呢? 如果它是形状不变的两个电路的问题,即一个是固定电路 C,另一个是可绕轴转动的电路 C′,那么后者永远也不会连续转动;事实上,这里存在着电动力学势;因此,当这个势是极大值时,必定有一个平衡位置。

因此,只有当电路 C′ 由两部分构成时,即一部分是固定的,另一部分可绕轴转动时,连续旋转才是可能的,情况有如法拉第实验。在这里,可以再次方便地做出区分。从固定部分到达可动部分,或者反过来,既可以用简单接触(可动部分的同一点始终与固定部分的同一点接触)来实现,也可以用滑动接触(可动部分的同一点依次与固定部分的各点接触)来实现。

只有在第二种情况下,才能发生连续转动。系统趋向于取平衡位置,这就是接着发生的事情;但是,在到达平衡位置的点时,滑动接点使可动部分与固定部分的新点连通;它改变了连接关系,从而改变了平衡条件,可以说,它致使平衡位置在系统企图达到它之前就逃离了,所以转动可以无限期地进行下去。

安培假定,电路对 C' 可动部分的作用与 C' 的固定部分不存在时一样,从而与通过可动部分的电流是开路电流时一样。

因此,他得出结论说,闭合电流对于开路电流的作用,或者反过来,开路电流对于闭合电流的作用,可以引起连续转动。

但是,这个结论取决于我已阐述的假设,正如我上面说过的,亥姆霍兹不承认这个假设。

4. 两个开路电流的相互作用。在涉及两个开路电流的相互作用时,尤其是涉及两个电流元的相互作用时,所有的实验都失败了。安培曾求助于假设。他假定:

1°两个电流元的相互作用可以简化为沿它们的连线作用的力;

2°两个闭合电流的作用是它们的各个电流元相互作用的合量,而且合量与这些电流元是孤立时的情况相同。

引人注目之处在于,安培在这里又一次无意识地做了这些假设。

不管怎样,这两个假设与关于闭合电流的实验一起,足以完备地决定两个电流元相互作用的定律。但是这样一来,我们在闭合电流的个案中遇到的大多数简单定律不再为真。

首先,不存在电动力学势;正如我们看到的,在闭合电流作用于开路电流的个案中,也不存在任何电动力学势。

其次,严格地讲,不存在磁力。

事实上,我们上面已给出了这个力的三种不同的定义:

1°借助加于磁极上的作用;

2°借助磁针方向的指向力偶;

3°借助加于电流元上的作用。

但是,在我们现在所讨论的个案中,不仅这三个定义不再和谐一致,而且每一个定义也丧失了它的意义,事实上:

1°磁极已不再仅仅受到施加于这个极的单一力的作用。实际上,我们看到,由电流元对磁极的作用而引起的力没有施加在该磁极上,而是施加在该电流元上;而且,它可用施加在该磁极上的力和力偶来代替;

2°作用在磁针上的力偶已不是简单的指向力偶,因为它对于磁针轴的力矩不是零。它可以分解为严格意义上所谓的指向力偶和倾向于产生我们所说的连续转动的附加力偶;

3°最后,作用在电流元上的力并不垂直于这个电流元。

换言之,磁力的统一性已经消失了。

让我们看看这种统一性在于什么。对磁极施加同一作用的两个系统,也将把同一作用施加在无限小的磁针上,或者施加在与这个磁极处于空间同一点的电流元上。

好吧,如果两个系统只包含闭合电流,这就是真实的;如果这两个系统包含开路电流,这就不再是真实的。

例如,只要指出下述事实就足够了:如果磁极处于 A 而电流元处于 B,电流元的方向沿线段 AB 的延长线,那么这个电流元将不对这个磁极施加作用,相反却对处于 A 点的磁针施加作用,或对处于 A 点的电流元施加作用。

5. 感应。我们知道,电动力感应的发现紧随在安培的不朽著作之后。

只要它仅仅是一个闭合电流问题,那就没有什么困难,而且亥姆霍兹甚至注意到,能量守恒原理对于从安培电动力学定律推导出感应定律也是充分的。但是,正如贝尔特朗德已清楚表明的,这总是建立在一个条件上,即我们另外要作若干假设。

在开路电流的个例中,能量守恒原理也容许这一推导,我们当然不能把该结果提交实验检验,因为我们不能产生这样的电流。

如果我们试图把这种分析模式用于安培的开路电流理论,那么我们便得到使我们惊奇的计算结果。

首先,不能依据学者和实践者都知道的公式从磁场的变化中推导出感应现象,事实上,正如我们说过的,严格地讲,这里已不再有磁场了。

但是,可以再进一步;如果电路 C 受到可变伏打系统 S 的感应,如果无论以什么方式使这个系统移动和变形,致使这个系统的电流强度无论按什么定律变化,但是在这些变化之后,该系统最终返回到它的初始状况,那么似乎可以自然地假定,在电路 C 中所感应的**平均**电动势是零。

如果电路 C 是闭合的,如果系统 S 只包含闭合电流,那么这就是真实的。如果人们接受安培理论,如果有开路电流,那么这就不可能再是真实的了。因此,就这个词通常的涵义而言,感应不仅将不再是磁力流的变化,而且也不能用任何东西的变化来表示它。

Ⅱ. 亥姆霍兹理论。我已经详细讨论了安培理论的结果以及他说明开路电流的方法的结果。

人们很难忽略我们这样导出的命题的自相矛盾的和人为的特征。人们不得不认为:"不能是这样"。

因此,我们理解亥姆霍兹为什么被导致寻求其他东西。

亥姆霍兹反对安培的基本假设,即两个电流元的相互作用划归为沿它们连线作用的力。他假定电流元不是受到单一的力的作用,而是受到力和力偶的作用。正是这一点,引起了贝尔特朗德和亥姆霍兹之间的著名论战。

亥姆霍兹用下述假设代替安培的假设:两个电流元总是容许有仅依赖于它们位置和取向的电动力学势;它们相互施加的力所做的功等于这个势的变化。因此,亥姆霍兹像安培一样,在没有假设的情况下便无法工作;但是,他至少是未做那种没有明确陈述的假设。

在唯有实验可达到的闭合电流的个案中,两种理论才是一致的。

在所有其他个案中,它们是有差别的。

首先,和安培所做的假定相反,似乎作用在闭合电流可动部分上的力,与这个可动部分是孤立的且构成开路电流时作用于其上的力不同。

让我们回到我们上面讲过的电路 C',它是由在固定导线上滑动的可动导线 $\alpha\beta$ 构成的。在唯一能够做出的实验中,可动部分 $\alpha\beta$ 不是孤立的,而是闭合电路的一部分。当它从 AB 到达 $A'B'$ 时,总电动力学势由于下述两个原因而变化:

1° 因为 $A'B'$ 相对于电路 C 的势与 AB 的势不同,所以总电动力学势经历了第一个增加;

2° 因为总电动力学势还要加上 AA' 和 BB' 电流元相对于 C 的势,所以它获得了第二个增量。

正是这种**双重**的增量,表示 AB 部分似乎受到的力所做的功。

相反地,如果 $\alpha\beta$ 是孤立的,那么电动力学势只经过第一个增加,唯有这第一个增量才能够量度作用在 AB 上的力所做的功。

其次,没有滑动接触,就不会有连续转动,事实上,正如我们在谈论闭合电流时已经看到的,它是电动力学势存在的直接结果。

在法拉第实验中,如果磁铁是固定的,而磁铁之外的电流部分沿可动导线流动,那么这个可动部分便连续转动。但是,这并不意味着,如果禁止导线与磁铁接触,并使**开路**电流沿导线流动,那么导线还会连续转动。

事实上,我刚刚说过,**孤立的**电流元所受到的作用与成为闭合电路一部分的可动电流元所受到的作用的方式不同。

另一个差别是:根据实验并根据两种理论,闭合螺线管对闭合电流的作用是零。在安培看来,它对开路电流的作用总是零;对亥姆霍兹来说,它不可能是零。我们在上面已给出了磁力的三种定义。第三种定义在这里没有意义,因为电流元不再受到单一力的作用。第一种定义不再有任何意义。磁极事实上是什么呢?磁极是无限长的线形磁铁的末端。这个磁铁可以用无限长的螺线管来代替。为了使磁力的定义有意义,那就必须使开放电流对于无限长的螺线管所施加的作用只依赖于这个螺线管末端的位置,也就是说,施加在闭合螺线管上的作用应该是零。现在,我们正好看到,情况并非如此。

另一方面,没有什么东西妨碍我们采纳第二种定义,它建立在倾向于取磁针方向的指向力偶的测量之基础上。

但是,如果采纳了这种定义,那么无论是感应效应,还是电动力学效应,都将不唯一地取决于这个磁场中的力线的分布。

Ⅲ.	*这些理论引起的困难。*亥姆霍兹的理论优于安培的理论;不过,它必须消除所有的困难才行。在这两个理论中,"磁场"这个词同样没有意义,或者,如果我们通过某种人为的约定给它赋予意义,那么所有电学家十分熟悉的普通定律就不再适用了;于是,导线感应的电动势已不能用这个导线切割的磁力线的数目来度量。

我们的矛盾之处不仅仅来自抛弃根深蒂固的语言习惯和思想习惯的困难。此外还有别的原因。如果我们不相信超距作用,那么电动力学现象就必须用媒质的变更来说明。我们所谓的"磁场"恰恰就是这种变更。于是,电动力学效应必须只依赖于这种场。

所有这些困难都是由开路电流的假设引起的。

Ⅳ.	*麦克斯韦理论。*这样的困难是由占统治地位的理论引起的,当麦克斯韦来到时,他大笔一挥就勾销了一切困难。事实上,在他看来,所有的电流都是闭合电流。麦克斯韦设想,在电介质中,如果电场发生变化,这个电介质就变成特殊现象的活动中心,它像电流一样地作用于电流计,麦克斯韦称其为**位移电流**。

其次,如果用导线把带有相反电荷的两个导体连通起来,那么在放电时,在这个导线中就有开路传导电流;同时,在附近的电介质中产生位移电流,它使这个传导电流闭合。

我们知道,麦克斯韦理论可以说明光现象,光现象是由极其迅速的电振动引起的。

在当时,这样的概念只不过是一个大胆的假设,没有实验可以支持它。

20 年后,麦克斯韦的观念得到了实验确认。赫兹成功地制作了电振动系统,它能重演光的一切特性,而电振动与光的差别仅在于它们的波长不同;也就是说,正如紫光与红光的差别一样。他在某种程度完成了光的综合。

可以说,赫兹并没有直接证明麦克斯韦的基本观念,即位移电流对于电流计的作用。这在某种涵义上是真实的。总之,他所证明的是,电磁感应并不像我们设想的那样是瞬时传播的;而是以光速传播的。

但是,假定不存在位移电流,而感应以光速传播;或者假定位移电流产生感应效应,而感应瞬时地传播,**归根结底是一回事**。

乍看起来,人们不能看穿这一点,但是用分析可以证明它,我甚至认为没有必要在这里概述了。

Ⅴ.罗兰实验。可是,正如我上面说过的,有两类开路感应电流。第一类是电容器或无论什么导体的放电电流。

也有另一种情况,放电描绘了一个闭合的恒值线,放电在电路的一部分是靠传导移动的,在电路的另一部分是靠运流移动的。

对于第一类开路电流,问题可以认为是解决了,它们通过位移电流而闭合。

对于第二类开路电流,答案看来好像更为简单。如果电流是闭合的,它似乎只能通过运流电流本身闭合。为此,只要假定"运流电流"即运动着的带电导体能够作用于电流计就足够了。

　　但是,实验确认还是贫乏的。事实上,即使尽可能地增大导体的电荷和速度,要得到充分的电流强度似乎还很困难。正是罗兰(Rowland)这位技艺极为高超的实验家,首次战胜了这些困难。他使一个圆盘得到很强的静电荷和极大的转速。放在圆盘旁边的一个无定向的磁系统发生了偏离。

　　罗兰做了两次实验,一次在柏林,一次在巴尔的摩。此后希姆斯特德(Himstedt)又重复了这个实验。这两位物理学家甚至声称,他们成功地进行了定量测量。

　　事实上,在 20 年间,所有物理学家毫无异议地承认了罗兰定律。而且,每一件事似乎都确认它。电火花肯定产生磁效应。现在,电火花放电是由于从一个电极取走粒子并把它们的电荷传输到另一个电极,这难道不可能吗? 正是在电火花的光谱中,我们辨认出电极金属的谱线,这难道不是它的证据吗? 电火花因而也许是真正的运流电流。

　　另一方面,人们也承认,在电解液中电是由运动着的离子携带的。因此,电解液中的电流可能也是运流电流;现在,它作用于磁针。

　　阴极射线的情况也一样。克鲁克斯(Crookes)把这些射线归因于带电的且以很大速度运动的极稀薄的物质。换句话说,他认为它们是运流电流。现在,这些阴极射线能被磁铁偏转。根据作用与反作用原理,它们反过来也应使磁针偏转。的确,赫兹以为他证明了阴极射线没有携带电,它们不作用于磁针。但是,赫兹错了。首先,佩兰(Perrin)成功地收集了这些射线携带的电,而赫兹曾否认这种电的存在;这位德国科学家好像受了由 X 射线的作用而引起的效应的欺骗，当时还没有发现 X 射线。此后以及最近，才明确地提出阴极射线对磁针的作用。

这样一来，电火花、电解电流、阴极射线，所有这些被视之为运流电流的现象都以同样的方式作用在电流计上，而且符合罗兰定律。

Ⅵ. 洛伦兹理论。我们马上要再进一步。按照洛伦兹理论，传导电流本身可以是真实的运流电流。电也许永远不可分割地和某些称之为**电子**的物质粒子联系在一起。这些电子通过物体运行就产生伏打电流。导体和绝缘体的区别就在于导体能让电子通过，而绝缘体则阻止电子的运动。

洛伦兹理论是十分吸引人的。它给某些现象以很简单的说明，早期的理论，甚至原始形式的麦克斯韦理论，也不能以满意的方式说明它们；例如，光行差、光波的部分曳引、磁偏振和塞曼效应。

某些反对意见还是继续存在着。电系统中的现象似乎取决于这个系统重心平动的绝对速度，这与我们关于空间相对性的观念相反。克雷米厄（Crémieu）先生为这种反对意见提供了证据，李普曼（Lippmann）先生则以引人注目的形式描述了它。设想两个以相同平动速度运动的两个带电导体；它们相对静止。但是，它们每一个都等价于运流电流，它们应该相互吸引，通过测量这个引力，我们就能测量它们的绝对速度。

洛伦兹的坚定支持者回答道："不！我们用那种方法能够测量的不是它们的绝对速度，而是它们**关于以太**的相对速度，于是相对性原理是安全的。"

　　不管后来这些反对意见如何，电动力学大厦至少在它的主要轮廓上似乎确定地建成了。一切都以最为令人满意的样子表示出来。安培理论和亥姆霍兹理论原先是针对不再存在的开路电流提出的，它们现在似乎不再有任何价值，而仅有历史的趣味，这些理论导致的无法摆脱的纷繁几乎被遗忘了。

　　克雷米厄先生的实验最近打乱了这种寂静，这些实验暂且似乎与罗兰先前得到的结果矛盾。

　　然而，新近的研究没有确认它们，洛伦兹理论胜利地经受了检验。

　　这些变迁的历史还是有启发性的；它将告诉我们，科学家面临什么陷阱，他们如何有可能希望摆脱这些陷阱。

第十四章　物质的终极^①

近年来,物理学家宣布的最惊人的发现之一,就是物质不复存在。我们要赶紧说这个发现还不是最终的。物质的主要特征,就是它的质量和惯性。质量处处永远不变,尽管化学变化改变了物质的一切可感知的特性,并且仿佛变成了另一种东西,但质量却始终不变。所以,如果有人证明物质的质量和惯性实际上不属于物质,而认为这只不过是它的一种装饰,甚至最永恒的质量也是可以改变的,那么人们将肯定说,物质是不存在的。而人们所宣称的,恰恰是这一点。

我们至今所能观察的速度是很缓慢的,因为那些使我们的所有汽车都望尘莫及的天体,其速度仅达到每秒 60 或 100 公里;不错,光的速度是它的三千多倍,不过这并非物质在移动,这是经过相对不动质体时的一种扰动,有如海洋的波浪。在对这些小速度的现象进行观察时,都表示质量是永恒的,但是从未有人问过,在较大的速度时,是否也是这样?

倒是那些极小的物体反而打破了最快的行星即水星的记录,我是说在阴极射线与镭射线中运动的微粒。人们知道这些射线确实来自分子的轰击。由此发射出的微粒都带有负电,人们可以用

---

① 参阅勒邦著:《物质的进化》(*L'évolution de la matière*,Gustave LeBon)。

法拉第圆筒收集它们而证实这一点。因为它们带有电荷，所以会被磁场或电场偏转，通过比较这些偏转，我们可以知道它们的速度以及电荷与质量的关系。

但是，这些测量一方面使我们知道，它们的速度是极大的，其速度约为光速的十分之一或三分之一，比星球要快千倍；另一方面，它们的荷质比是非常大的。因此，每一个运动的微粒可代表一个可觉察的电流。但是，我们知道，电流有一种特殊的惯性，即所谓的**自感现象**。电流一旦产生后，总是具有保持不变的倾向，当人们切断电路以阻止它通行时，可以看到在断路点产生电火花。由此可知，电流极力保持它的强度，犹如一个运动中的物体总有保持其速度的倾向。所以，阴极射线中的微粒能抵抗变更其速度的原因有二：首先在于它们的真正惯性，其次在于它们的自感现象。因为速度变化时，同时电流也变化。因此，微粒——人们所谓的电子——应当具有两种惯性：力学的惯性和电磁的惯性。

亚伯拉罕（Abraham）先生与考夫曼（Kaufmann）先生，一位是计算家，一位是实验家，他们曾齐心协力进行这样两种惯性的研究。他们不得不承认一种假设；他们设想所有负电子都是相同的，它们具有同一电荷，必然是不变的。我们觉察它们的不同仅仅是它们的运动速度不同。当速度变化时，真正的质量即力学的质量不变，这可以说原来是它的定义；但是，有助于形成表观质量的电磁惯性随其速度按照某种规律而增加。因此，在速度与电荷之间，存在着一个关系。我们曾经说过，这些量可以由观察射线经过磁场或电场时的偏转，通过计算而得到。研究这种关系，就可以确定两种惯性的分量。其结果十分令人惊奇：**真实质量等于零**。这当然应该承认最初的假设，因为理论曲线与实验曲线符合得相当好，所以这个假设是很可能的。

因此，这些负电子没有真实质量；如果它们具有惯性，是由于它们在改变速度时扰动以太。它们的表现惯性仅仅是租借品，它不属于它们，而属于以太。但是，这些负电子不全是物质的，因此人们可能认为，在它们之外还有具有真正惯性的真正物质。有些射线，例如哥耳德斯坦（Goldstein）的极隧射线、镭的 α 射线，也是抛射物之雨，不过这些抛射物带正电，这些正电子也没有质量吗？不能这样说，因为它们比负电子重得多、慢得多。于是，有两种可以承认的假设：或者因为电子较重，除了它们借来的电磁惯性而外，它们本身还具有力学惯性，从而只有它们才是真正的物质；或者它们也同别的东西一样没有质量，如果它们比较重，是由于它们比较小，虽然这种说法似乎有点荒诞不经；因为在这种观念中，微粒将不过是以太中的空隙，唯有它是实在的，唯独它具有惯性。

迄今还是没有过于牵累物质，我们还可以采取第一种假设，甚或除了相信正电子和负电子之外，还有中性原子。根据洛伦兹最近的研究，我们就要丧失这最后的办法了。地球迅速地移动，我们也受其曳引；光现象或电现象不会因这种移动而变化吗？人们冥思苦想了好长时间，并且曾经假定，随着仪器相对于地球运动方向的不同，观察理应具有不同的结果。实际并非如此，最精密的测量也没有得出这样的结果。在这里，实验证实了物理学家都讨厌的事情；事实上，假如人们找到某种东西，那么人们不仅能知道地球相对于太阳的相对运动，而且还将知道它在以太中的绝对运动。但是，有许多人难以相信，除了相对运动之外，任何实验也不会得到其他结果,他们倒是乐于承认物质是没有质量的。

因此,人们对于所取得的否定结果并不感到十分惊异。这些结果与讲授的理论相反,但它们能满足在这些理论之前的一种深刻的本能。而且,还要根据结果对这些理论加以修正,以便使它们与事实符合。斐兹杰惹(Fitzgerald)用一种令人惊讶的假设这样做了:他认为物体沿地球运动的方向运动时,必须收缩一亿分之一。球会变成椭球,如果让它转动,其形变总是使短轴平行于地球的速度。由于测量仪器所受的形变与被测量的物体相同,人们一点也察觉不到收缩,除非人们不留意去确定光线经过物体的长度所需要的时间。

这个假设可以说明观察到的事实。可是这还不够。总有一天人们可以进行更精密的观察;那时可以得到肯定的结果吗? 这些观察可以使我们测量地球的绝对运动吗? 洛伦兹并没有这样想。他相信这种测量永远是不可能的;许多物理学家的共同本能以及迄今各种实验所遭受到的失败,都足以证明他的想法。因此,我们可以认为,这种不可能是自然界的普遍定律;并且承认这是一个公设。可是,后果将如何呢? 这正是洛伦兹所寻求的东西,他发现所有原子、所有正电子和负电子都具有惯性,按照同一规律随速度变化。这样,一切物质的原子都是由小而重的正电子和大而轻的负电子构成,至于可感觉的物质在我们看来似乎不带电,那是因为这两种电子在数目上几乎是相等的。这两者都没有质量,而只有假借的惯性。在这个系统中没有真正的物质,只有以太中的孔洞。

按照朗之万(Langevin)先生的见解,物质也许是液化的以太,而且丧失了它的一切特性;当物质移动时,并不是这种液化的质体在以太中移动,而是液化向以太各部分逐渐扩充,同时在后方已变成液体的部分又逐渐恢复原状。物质在运动中不保持其原形。

这就是最近对于这个问题研究的概况;现在,考夫曼先生又发表了新的实验。速度极大的负电子,必须受到斐兹杰惹收缩,因此速度与质量的关系也发生变化;可是,最近的实验不能证实这种预见;不过一切都要覆灭了,而物质将会获得存在的权力。但是,这些实验是不容易的,在今日想要做最后的结论,还为时尚早。

图书在版编目(CIP)数据

科学与假设/(法)彭加勒著;李醒民译.—北京:商务印书馆,2021(2023.4重印)
(汉译世界学术名著丛书)
ISBN 978-7-100-18328-4

Ⅰ.①科… Ⅱ.①彭… ②李… Ⅲ.①科学哲学—研究 Ⅳ.①N02

中国版本图书馆CIP数据核字(2020)第057978号

权利保留,侵权必究。

汉译世界学术名著丛书
科学与假设
〔法〕彭加勒 著
李醒民 译

商 务 印 书 馆 出 版
(北京王府井大街36号 邮政编码100710)
商 务 印 书 馆 发 行
北京新华印刷有限公司印刷
ISBN 978-7-100-18328-4

2021年2月第1版 开本850×1168 1/32
2023年4月北京第4次印刷 印张7½
定价:38.00元